Vögel
beobachten

© Losange – 63400 Chamalières – France
© Naumann & Göbel Verlagsgesellschaft mbH, Köln
Alle Rechte vorbehalten
Originaltitel: Observer les oiseaux, Losange 2008
Text: Pierre Darmangeat
Übersetzung: Angela Letmathe
Satz: InterMedia, Ratingen
Gesamtherstellung: Naumann & Göbel Verlagsgesellschaft mbH

ISBN 978-3-625-12375-0
www.naumann-goebel.de

Vögel
beobachten
in ihren Lebensräumen

Pierre Darmangeat

INHALT

VORWORT

ORNITHOLOGIE

Die Vögel dieser Welt haben fast jeden erdenklichen Lebensraum erobert. Üppige Tropenwälder mit feuchtem Klima, die trockensten, heißesten und kältesten Wüsten, mehr oder weniger bewaldete weite Heidegebiete und offenes Land mit vielen verschiedenen Lebensräumen: Vögel sind hier ebenso zu Hause wie in den entlegensten Bergregionen, an sturmumtosten Küsten, auf einsamen Korallenriffen mitten im Ozean und natürlich am Himmel selbst.

Man schätzt die Zahl der Vogelarten weltweit auf etwas über 9000. Manche sind von Natur aus selten, andere dagegen sehr verbreitet und bekannt, wieder andere sind nur an einigen wenigen Orten der Welt zu finden. Haben etliche aus dem Zusammenleben mit dem Menschen durchaus Nutzen gezogen, so sind andere selten geworden, und viele sind durch menschliches Verschulden sogar ganz ausgestorben. Manche sind einfach zu beobachten, andere schwieriger.

Ebenso zahlreich wie die Vögel sind die Vogelliebhaber. Das kommt einfach daher, dass Vögel weit häufiger als andere Tiere zu sehen sind. Und was noch besser ist, man hört sie auch, was sicher zu den wichtigsten Aspekten ihrer Anziehungskraft zählt. Außerdem wirkt es auf den Menschen ähnlich beruhigend, einen fliegenden Vogel zu beobachten, wie einen gleichmäßig fließenden Fluss zu betrachten.

Zwergtaucher in seinem schwimmenden Nest

Die Beobachtungen erfahrener Vogelfreunde sind ein wertvoller Beitrag für die Wissenschaft.

Die Ornithologie ist die Wissenschaft von den Vögeln und ihre Forschungsgebiete sind breit gefächert. Dennoch kann sich nicht jeder Ornithologe nennen, der will, aber so wie es Molières Bürger Jourdain prosaisch ausdrückte: Ohne es zu wissen, betreibt jeder, der sich ein wenig oder auch ein bisschen mehr für frei lebende Vögel interessiert, sie beobachtet und bestimmt, mehr oder weniger Ornithologie.

Diese große Schar der Vogelbeobachter lässt sich grob in drei Kategorien einteilen: in die Gelegenheitsbeobachter, die erfahrenen Vogelfreunde und die professionellen Vogelkundler.

➔ Der Gelegenheitsbeobachter

Diese am weitesten verbreitete Kategorie ist auch die zahlenmäßig größte und hat die unterschiedlichsten Mitglieder. Zu ihr gehören die Namenlosen, die Träumer, die Neugierigen, die Alleskönner, die Sprunghaften, kurz: die große Mehrheit der Bevölkerung. Einige wenige benutzen ein Fernglas, die weitaus meisten nicht (obwohl sie etwas verpassen). Die einen sind begeistert, die anderen begnügen sich damit, dem gefiederten Volk mit einem Lächeln und voller Sympathie hinterherzuschauen. Sie belauchen gebannt den schnellen Flug eines Zugvogels oder das langsame Gleiten eines Greifvogels auf der Suche nach Beute in seinem weiten Jagdrevier.

➔ Der erfahrene Vogelfreund

Diese Gruppe ist schon einen Schritt weiter: Erfahrene Vogelfreunde haben sich ein Fernglas gekauft – oder auch mehrere – und verbringen einen Großteil ihrer Freizeit mit dem Erforschen der Vogelwelt. Manche spezialisieren sich auf eine bestimmte Vogelart, andere interessieren sich eher für Verhaltensweisen, die mehrere Vogelarten aufweisen. Wieder andere machen sogar Beringungs- oder Beobachtungskurse oder geführte Touren in besonders interessanten Vogelgebieten mit. Manche fotografieren Vögel, ohne deswegen schon professionelle Fotografen zu sein. Die Fachbuchbestände dieser (sehr zahlreichen) Vogelfreunde würden manche naturkundliche Bibliothek vor Neid erblassen lassen! Die Beobachtungen, die sie machen, und die Daten, die sie erheben, sind für wissenschaftliche Einrichtungen und die (wenigen) professionellen Vogelforscher sehr wertvoll. Kurz, der erfahrene Vogelfreund, ob männlich oder weiblich, kann als wirklicher Ornithologe gelten, selbst wenn er seine Leidenschaft nicht zu seinem Beruf macht.

⊙ Der professionelle Vogelkundler

Er ist schon fast ein Exot unter den Ornithologen, zumindest in manchen Ländern. Denn es gibt kein Studienfach mit dem Abschluss Ornithologe. Man kann sich im Rahmen eines Biologie-Studiums auf Ornithologie spezialisieren oder eine Ausbildung oder ein Studium im Bereich Umweltschutz absolvieren. Anschließend gilt es, öffentliche Einrichtungen oder die einschlägigen Verbände und Vereine auf sich aufmerksam zu machen, d. h. sich als fähiger Ornithologe zu erweisen. Denn die professionellen Vogelkundler sind meist Wissenschaftler im Dienst diverser Forschungsinstitute. Manche sind als Jagdhüter bei den Jagdbehörden beschäftigt,

EIN GEWISSES MISSVERHÄLTNIS

Vergleicht man Deutschland mit Großbritannien, so entdeckt man gewisse Unterschiede: Das mit über 80 Millionen Einwohnern bevölkerungsreichere Deutschland weist rund 800 ausgebildete Vogelberinger auf, während man im 60 Millionen Einwohner zählenden Großbritannien etwa 3000 findet. Auch die „Fernglas-Dichte" ist in Großbritannien deutlich höher als bei uns.

Ebenso verhält es sich mit der vogelkundlichen Literatur. Da ist deutschen Vogelfreunden nur zu wünschen, dass sie die Bücher im Original lesen können.

andere sind als Förster tätig oder als Wildhüter in Nationalparks, wieder andere sind Mitarbeiter von Nichtregierungsorganisationen, landwirtschaftlichen Forschungseinrichtungen oder Jagdverbänden. Die wenigen Mitglieder dieser Kategorie gehen ihren eigenen, meist sehr speziellen Forschungen nach und nutzen dabei die Unmengen von Daten, die die Vogelfreunde draußen in der Natur gesammelt haben und die meist von den örtlichen ornithologischen Vereinen weitergegeben werden.

Zum Abschluss unseres Vorworts wünschen wir uns, dass möglichst viele Leser die verschiedenen Facetten der Ornithologie entdecken, dass sie die tausendundeins Möglichkeiten der Vogelbeobachtung kennenlernen und dass sie lernen, die verschiedenen Vogelarten zu unterscheiden und sie im Rahmen ihrer Möglichkeiten zu schützen.

Jedes Jahr inspiriert der Vogelzug zahlreiche Vogelfreunde dazu, an Beringungskursen teilzunehmen.

ALLGEMEINES

KLEIDUNG
UND AUSRÜSTUNG

A uch wenn man natürlich Vögel ohne spezielle Ausrüstung beobachten kann, so sollte man sich doch ein paar Dinge zulegen, die sehr praktisch und nützlich sind. Schließlich findet die Ornithologie ja überwiegend im Freien statt und man ist den Launen des Wetters ausgesetzt: Das reicht von der heißen Sonne über unangenehmen Regen bis hin zu eisigem Wind. Doch der Faszination, die das Beobachten von Vögeln auslöst, tut dies keinen Abbruch.

KLEIDUNG

Zwar muss man sich nicht von Kopf bis Fuß mit Tarnkleidung ausrüsten, doch man sollte sich bewusst machen, dass Vögel im Wesentlichen visuell geprägt sind. Bei den meisten ist der Gesichtssinn - also die Fähigkeit zur visuellen Wahrnehmung - am besten ausgebildet. Es empfiehlt sich also, so unauffällig wie möglich zu sein, wenn man sich ihnen nähern und sie in aller Ruhe beobachten will. Ihren besonders guten und scharfen Augen verdanken es die Taggreifvögel, dass sie ihre Beute erspähen können, und die kleinen Körnerfresser, dass sie ihr

Lieblingsfutter erkennen. Ohne diesen stark ausgeprägten Gesichtssinn könnten die zahlreichen Insektenfresser nicht Jagd auf Insekten und Larven machen, die ihrerseits versuchen, sich zu tarnen und möglichst unsichtbar zu sein. Dazu passen sie sich ihrer Umgebung an oder versuchen, das Aussehen einer anderen Art oder gar von Pflanzenteilen nachzuahmen. Diese Strategie ist für ein Beutetier eine Art Überlebensversicherung. Übrigens ist das Gefieder sehr vieler Vögel und insbesondere der Mehrzahl der Weibchen und der Jungen Teil der gleichen Überlebensstrategie. Die Männchen dagegen, deren Aufgabe es ist, das Revier zu verteidigen, tun alles, um gehört und gesehen zu werden.

Genauso gut wie der Gesichtssinn ist bei den Vögeln meist auch das Gehör ausgebildet. Der geringste ungewohnte Laut versetzt sie in Alarmbereitschaft. Und von der Alarmbereitschaft zur Flucht ist es in der Natur nur ein winziger Schritt. Das merkt man besonders, wenn man versucht, sich irgendeinem Nachtraubvogel zu nähern oder einem in der Dämmerung aktiven Vogel wie z. B. dem Ziegenmelker.

Diese wenigen naturkundlichen Betrachtungen machen deutlich, wie wichtig die richtige Bekleidung bei der Vogelbeobachtung ist: Man sollte nicht

Fernglas, Teleskop und robuste Kleidung in unauffälligen Farben sind die Grundausstattung jedes Hobby-Ornithologen. Das hier abgebildete Stativ für das Teleskop ist allerdings viel zu leicht, um einem kräftigen Wind zu widerstehen.

Das Fernglas ist ein unerlässliches Hilfsmittel des Naturbeobachters.

einfach irgendetwas anziehen, wenn man mehr sehen will als fliehende Vögel.

Mit anderen Worten, die gewählte Kleidung muss Regen, Sonne und Schmutz aushalten (denn manchmal muss man auch kriechen). Und auch Nadeln, Stacheln und Dornen dürfen ihr nichts anhaben. Ein sehr gutes Beispiel, an dem man sich orientieren kann, ist die sehr unauffällige und bequeme Kleidung von Jägern. Letztlich muss die Kleidung sich der Umgebung anpassen, d. h. man sollte gedeckte Farben und keine glänzenden Stoffe wählen, um keine Aufmerksamkeit zu erregen. Vor allem muss sie die menschliche Silhouette verhüllen, die für Wildtiere (gerade wegen der Jagd) äußerst suspekt ist. Sie haben durch langjährige leidvolle Erfahrungen gelernt, sich vor diesen aufrecht gehenden zweibeinigen Wesen in Acht zu nehmen. Auch ein unauffälliger Hut leistet gute Dienste, denn sein Schatten verbirgt einen Teil des Gesichts. Am besten verwendet man Kleidung, die nicht bei jeder Bewegung raschelt. Wolle, ungewachste, aber weiche und schon ein Weilchen getragene Baumwolle oder Cord sind wunderbare Materialien. Dabei steht es jeder und jedem frei, die Farben seiner Wahl zu kombinieren, solange er sich auf unauffällige Farbtöne beschränkt. So spricht z. B. im Herbst nichts dagegen, Farben zu wählen, die dem welken Laub gleichen, im Winter passt weiße Kleidung mit Schwarz oder Grau gut zum Schnee, und in der übrigen Zeit greift man zu Grün-, Braun- oder Grautönen. Meiden Sie also Hawaii-Hemden und knallige Farben.

Gut geeignet sind bequeme Jacken und Hemden mit tiefen Taschen. Auch in einer robusten Hose erweisen sich großräumige Taschen als nützlich und bequem. An den Füßen trägt man wahlweise gute Wanderschuhe mit biegsamer Sohle oder ein Paar Gummistiefel, die weder zu weit sein dürfen, um keinen Lärm zu machen, noch zu eng, damit man sich darin auch wohlfühlt.

Die weißen Tennisschuhe lässt man besser zu Hause, denn die sind schon von Weitem zu sehen.

Dessen ungeachtet nützt die beste Ausrüstung und die der jeweiligen Umgebung optimal angepasste Kleidung nichts, wenn der Möchtegern-Beobachter sich wie auf dem Rummelplatz benimmt, wenn er nicht langsam und ruhig geht, wenn er dauernd gestikuliert und redet. Sich in der Natur zu bewegen ist nun einmal etwas ganz anderes, als durch die Stadt zu gehen!

FERNGLÄSER

Wenn man nicht gerade ein erfahrener Ornithologe ist – und selbst dann –, kann man Vögel kaum ohne dieses unerlässliche Hilfsmittel bestimmen. Das Fernglas ist das zweite Augenpaar des Naturbeobachters. Doch es gibt ein solches Überangebot auf dem Markt, dass der Anfänger leicht den Überblick verliert. Vergessen wir zuerst einmal die faltbaren Miniferngläser, die vielleicht im Theater oder auf der Pferderennbahn nützlich sind, aber nicht im Gelände. Dazu ist ihre Lichtstärke zu schwach und ihr Sehfeld zu klein. Außerdem bieten in dieser Kategorie nur die ganz großen Optik-Marken gute Qualität, wobei ihr Preis sie nicht zwangsläufig zur Vogelbeobachtung tauglich macht. Übrigens sind sie von ihren Herstellern dafür auch gar nicht gedacht. Für die vorgesehenen Zwecke können sich solche „Taschenferngläser" jedoch als durchaus nützlich erweisen. Beiseite lassen wir auch Ferngläser mit variabler Vergrößerung, sogenannte Zoom-Ferngläser. Ihre Qualität reicht für eine wissenschaftliche Nutzung nicht aus.

Im Wesentlichen gibt es heute zwei Haupttypen. Ihr Unterschied liegt in erster Linie im Weg, den das Licht durch die Optik nimmt.

Das Porroprismen-Fernglas, das nach seinem Erfinder Ignazio Porro benannt wurde, ist im Allgemeinen leichter herzustellen. Man erkennt es daran, dass

Abbildung oben: Ferngläser mit variabler Vergrößerung sind an einem Hebel neben einem der Okulare erkennbar. Ihr Manko liegt oft in der geringen Lichtstärke und in dem Mangel an optischer Qualität sowie Robustheit.

Abbildung unten: Die hohe optische Qualität des Zeiss 10 x 40 mit Dachkantprismen macht dieses Fernglas zu einer sicheren Wahl. Bei diesem Modell erfolgt die Fokusierung durch Bewegen der Objektive. Bei gleichem Preis ist unter Umständen das wasserdichte Modell von Leica vorzuziehen.

die Objektive weiter auseinander stehen als die Okulare.

Die Fokussierung erfolgt entweder zentral über ein Rädchen, mit dem die beiden Okulare bewegt werden können, oder durch separates Drehen an den Okularen selbst. Die renommiertesten Ferngläser dieses Typs sind zurzeit die Zeiss 15 x 60 und 7 x 50, die durch ihre einzigartige Qualität bestechen. Das 15 x 60 hat ein Fokussierrad, das 7 x 50 eine Einzel-Okulareinstellung, was eine gute Abdichtung gegen Spritzwasser und Regen ermöglicht. Dieses sehr robuste Modell wird häufig von der Marine verwendet und ist auch bei Wassersportlern sehr beliebt. Bei den Dachkantprismen-Ferngläsern befinden sich die Okulare in einer Linie mit den Objektiven. Dadurch sind die Gläser schmaler und damit kompakter als die herkömmlichen Porroprismengläser. Bei gleichen technischen Daten sind sie im Allgemeinen auch leichter. Zudem sind sie meist wasserdicht und damit natürlich ebenso geschützt gegen Regen, Spritzwasser, Schnee und Staub. Auch die hohe Luftfeuchtigkeit in den Tropen kann ihnen nichts anhaben. Die ersten mit Dachkantprismen gebauten Ferngläser waren die berühmten Trinovid von Leitz. Die meisten Gläser dieser Bauart haben eine Innenfokussierung, d. h. zur Scharfeinstellung wird im Inneren der Okulare ein Linsensystem bewegt. Hüten sollte man sich vor Gläsern mit Pseudo-Innenfokussierung durch Bewegen der Objektive. Da sich dieser mechanische Vorgang nicht im Inneren des Fernglaskörpers abspielt, ist keine zufriedenstellende Abdichtung möglich.

> Bei dem berühmten Zeiss 7 x 50 erfolgt die Fokussierung einzeln an jedem Okular. Die optischen Eigenschaften dieses herkömmlichen Porroprismenglases sind so hervorragend, dass sogar viele astronomische Gesellschaften es verwenden.

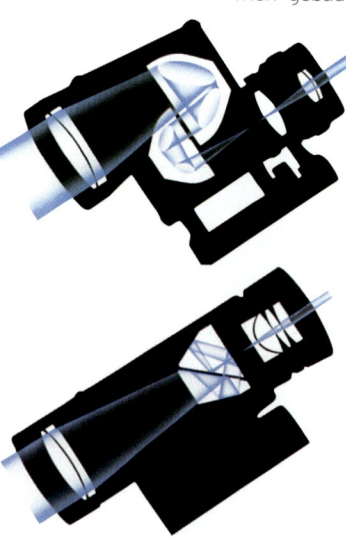

> Strahlengang durch ein Porroprismenglas (oben) und ein Dachkantprismenglas (unten). Qualität und Verarbeitung der Prismen haben einen wesentlichen Einfluss auf die Lichtstärke und die Bildqualität.

TECHNISCHE DATEN VON FERNGLÄSERN

Vor dem Kauf eines Fernglases sollte man sich mit einigen einfachen Kriterien vertraut machen, anhand derer man die verschiedenen Modelle unterscheiden und ihre Qualität beurteilen kann. Dazu gehören: die Vergrößerung, das Sehfeld, der Sehwinkel, die Austrittspupille, die Lichtstärke bzw. Dämmerungszahl und die optische Leistung (Bildauflösung, Farbwiedergabe, störende Reflexe). Aussehen, Größe, Gewicht und Handlichkeit sind dagegen rein persönliche Erwägungen, in die wir uns nicht einmischen wollen.

⊕ Lichtstärke

Alle Ferngläser lassen sich durch drei Zahlen charakterisieren: die Werte für die Vergrößerung und den Objektivdurchmesser in Millimeter (z. B. 10 x 50) sowie den Sehfeldwinkel (z. B. 5°). Aus der Vergrößerung und dem Objektivdurchmesser ergeben sich drei wichtige Kenngrößen, nämlich die relative Lichtstärke, die Dämmerungszahl und die Austrittspupille.

Die relative Lichtstärke errechnet sich aus dem Quadrat des Quotienten aus Objektivdurchmesser und Vergrößerung. Bei 10 x 50 erhält man also: $(50/10)^2 = 25$. Ein Glas mit den Werten 7 x 35 hat, wie man feststellen kann, die gleiche relative Lichtstärke. Die Dämmerungszahl dagegen errechnet sich aus der Quadratwurzel des Produkts von Vergrößerung und Objektivdurchmesser: $\sqrt{(10 \times 50)} = 22{,}36$ oder $\sqrt{(7 \times 35)} = 15{,}65$. Ein 15 x 60 besitzt demnach eine sehr hohe Dämmerungszahl (30).

In beiden Fällen ist das Glas umso lichtstärker, je höher die Zahl ist. Aber auch wenn zwei Gläser die gleiche relative Lichtstärke aufweisen (wie das 10 x 50 und das 7 x 35, um das obige Beispiel wieder aufzunehmen), so ist doch dasjenige lichtstärker, das die höhere Dämmerungszahl hat. Wahrscheinlich spricht man deshalb auch von relativer Lichtstärke.

Ein weiteres Kriterium zur Beurteilung der Dämmerungsleistung einer Optik ist die Austrittspupille. Diese sieht man, wenn man das Fernglas 30 bis 50 cm von den Augen entfernt und das Objektiv gegen das Licht hält (z. B. gegen den Himmel). Man erkennt einen hellen Kreis hinter dem Okular, an dem Punkt, an dem der Lichtstrahl nach dem Durchqueren der Optik am stärksten gebündelt ist. Durch diesen Kreis schaut man, und je größer er ist, desto mehr Licht trifft (theoretisch) auf das Auge. Dies stimmt jedoch nur, wenn es sich auf die Pupillen eines jungen Beobachters mit noch großem Ausdehnungsvermögen bezieht. Mit zunehmendem Alter werden die Augen schwächer und insbesondere schwindet die Fähigkeit der Pupillen, sich auf mehr als 4–5 mm Durchmesser auszudehnen. Mit anderen Worten sind unsere Augen immer weniger in der Lage, ein schwaches Licht in der Dämmerung oder Dunkelheit wahrzunehmen. Der Durchmesser der Austrittspupille errechnet sich aus dem Quotienten aus Objektivdurchmesser und Vergrößerung. So hat ein Fernglas mit den Werten 10 x 50 genauso wie ein 7 x 35 eine Austrittspupille von 5 mm.

Wenn eine große Austrittspupille auch einer großen relativen Lichtstärke entspricht, so ist dies doch eine rein theoretische Betrachtung. Die Praxis zeigt nämlich, dass ein Fernglas mit den Daten 15 x 60 und folglich einer Austrittspupille von 4 mm deutlich lichtstärker ist als ein 7 x 50 (Austrittspupille 7,14 mm), da es eine wesentlich höhere Dämmerungszahl hat (30 gegenüber 18,7). Dagegen bringt eine größere Austrittspupille dem Betrachter tatsächlich einen zusätzlichen Komfort: Das Auge kann das von der Optik

SEHFELDWINKEL

Der Sehfeldwinkel in Grad (°) ist im Allgemeinen auf dem Fokussierrad oder unter dem Herstellernamen und der Typenbezeichnung angegeben. Wenn man weiß, dass 1° einem Sehfeld von 17,50 m auf 1000 m entspricht, kann man aus dem Winkel leicht das Sehfeld berechnen. Umgekehrt kann man leicht den Winkel berechnen, wenn man die Breite des Sehfeldes in 1000 m Entfernung kennt. Ein 7 x 50 verfügt häufig über einen Sehfeldwinkel von 7–7,5°; ein 8 x 30 weist einen Winkel von 7,5–8,5° auf, und ein 10 x 40 oder ein 10 x 50 hat einen Sehfeldwinkel zwischen 5 und 7°.

wiedergegebene Bild leichter wahrnehmen, und zwar unabhängig vom Alter des Betrachters.

⊕ Sehfeldwinkel

Das Sehfeld oder Gesichtsfeld ist eine der wichtigsten Kenngrößen des Fernglases. Es wird bestimmt durch den Sehfeldwinkel der Optik, der den Ausschnitt des Horizonts angibt, den man in 1000 m Entfernung sehen kann. Je breiter das Sehfeld, desto leichter lässt sich das Fernglas handhaben,

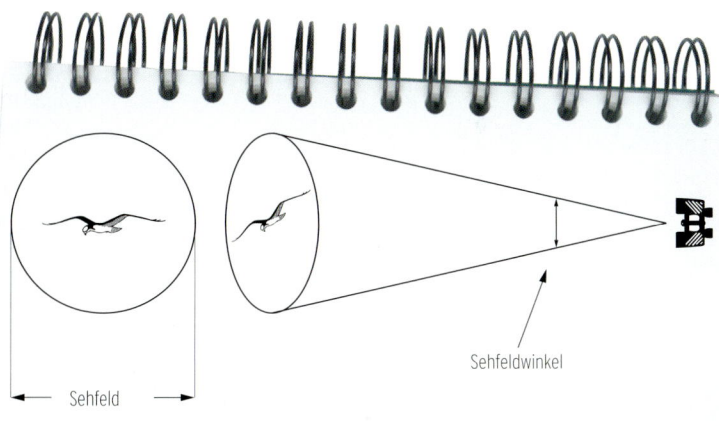

Sehfeldwinkel

Sehfeld

und desto einfacher lässt sich ein sich schnell bewegendes Objekt verfolgen oder ein weit entferntes unbewegliches Objekt entdecken. Man kann sich denken, dass im Prinzip mit zunehmender Vergrößerung die Größe des Sehfelds abnimmt. Wer also nicht gerade die natürliche Begabung hat, bewegliche Objekte blitzschnell auszumachen, sollte sich als Anfänger für ein Fernglas mit einem großen Sehfeld und folglich einer eher mäßigen Vergrößerung (7 x bis 8 x) entscheiden. Als groß wird im Allgemeinen ein Sehfeld von mehr als 120 m auf 1000 m angesehen. Den einsamen Rekord hält immer noch ein Fernglas der schon seit den 1960er-Jahren nicht mehr existierenden französischen Marke Huet. Dieses sogenannte Mirapan 200 bot ein Sehfeld von 200 m auf 1000 m. Trotz einer gewissen Verzeichnung an den Bildrändern war die optische Leistung exzellent und man kann nur bedauern, dass es diese Marke nicht mehr gibt.

⊕ Sehfeld, optische Qualität und mechanische Qualität

Sehfeldwinkel und Vergrößerung ergeben sich aus dem Okular, und bei ein und demselben Modell kann es je nach Marke und sogar innerhalb einer Marke große Schwankungen in Sehfeld und Qualität geben. Denn die Herstellung eines Okulars mit großem Sehfeld und hoher Qualität erfordert komplizierte Verfahren. Dabei kommt es z. B. auf die Größe und die Oberflächenvergütung der Prismen an, auf die Bestandteile des Glases und die Vergütung der Linsen, um störende Reflexe zu verhindern, den Kontrast zu erhöhen und die Farben naturgetreu wiederzugeben. Selbstverständlich soll eine gute Optik auf unserer Netzhaut ein absolut scharfes, helles Bild ohne Farbfehler oder zu starke Randverzeichnung entstehen lassen. Auch soll das Auge des Beobachters bei längerer Benutzung nicht ermüden. Daher nützt es wenig, ein Fernglas mit großem Sehfeld zu kaufen, wenn das Bild dann an den Rändern weniger scharf ist als in der Mitte.

Teleskop mit Innenfokussierung und auswechselbarem Okular. Das Okular im 45°-Winkel ist eine Wohltat für die Nackenwirbel. Daran sollte man vor dem Kauf denken, zumal alle großen Marken ein solches Modell anbieten. Im Vordergrund ein wasserdichtes ergonomisches Fernglas.

Vergrößerung, Lichtstärke und Sehfeld sind optische Qualitätskriterien, aber man darf auch die rein mechanischen Kriterien eines Fernglases nicht vergessen. Denn von diesen hängt einerseits die Bildqualität und andererseits die langfristige Robustheit und Zuverlässigkeit des Glases ab. So ergeben zwei schlecht zueinander justierte optische Strahlengänge ein Bild, das nur schwer, wenn nicht überhaupt nicht scharf zu stellen ist. Dies führt rasch zur Ermüdung der Augen, ja möglicherweise sogar zu Sehstörungen. Ein solcher Abstimmungsfehler ist leicht zu erkennen, wenn man sich die Austrittspupillen anschaut. Diese müssen absolut identisch und kreisförmig sein, dürfen nicht reflektieren und nicht verformt sein – daher soll man sie immer gegen einen hellen, neutralen Hintergrund betrachten, z. B. den Himmel oder ein gut beleuchtetes weißes Schild.

Bei den mechanischen Eigenschaften im engeren Sinne kommt es darauf an, dass die Fokussierung leichtgängig, aber doch zu spüren ist, dass sie gleichmäßig und ohne zu rucken erfolgt. Ebenso müssen sich beim Porroprismenglas beide Okulare absolut synchron und spielfrei auf ihrer Achse bewegen. Genauso wenig Spiel darf die horizontale Befestigung der Okulare aufweisen. Hier zeigen Ferngläser minderer Qualität schnell Abnutzungserscheinungen. Bei Ferngläsern mit Scharfstellung durch ein zentrales Fokussierrad, egal ob mit Porro- oder Dachkantprismen, kann man die Optik im Allgemeinen an die eigene Sehschärfe anpassen, indem man zunächst die Scharfstellung fürs linke Auge vornimmt und dann das rechte Okular so lange einstellt, bis auch das rechte Auge ein scharfes Bild sieht. Wenn man die richtige Einstellung gefunden hat, sollte man tunlichst nicht mehr daran drehen, außer natürlich, wenn sich die Sehschärfe verändert. Ein Fernglas guter Qualität wird die vorgenommene Einstellung beibehalten, während man bei einem weniger sorgfältig hergestellten Glas diese Einstellung immer wieder erneuern muss, was auf die Dauer ziemlich lästig ist. Einige Hersteller, insbesondere Leica, bieten sogar Modelle mit einem arretierbaren zweiten Fokussierrad, mit dem das linke Okular ein für alle Mal eingestellt werden kann.

TELESKOP UND STATIV

Ein Teleskop erweist sich als sehr nützlich, wenn man sich ernsthaft an die systematische Beobachtung und das Zählen bestimmter Vogelarten macht. Besonders Entenvögel beobachtet man ja oft aus großer Entfernung auf einer weiten Wasserfläche. Ein Teleskop ist im Allgemeinen monokular und hat eine Vergrößerung zwischen 20 x und 60 x. Seine mechanischen und optischen Eigenschaften unterscheiden sich nicht von denen eines Fernglases, das ja im Grunde nur die absolut parallele Kopplung von zwei kleinen Teleskopen ist. Der Objektivdurchmesser liegt hier zwischen 60 und 80 mm, manchmal noch darüber. Die Hersteller bieten verschiedene Bauarten mit Gerade- oder Schrägeinblick (45°) an. Letztere erweisen sich für Nackenwirbel mit chronischer Arthritis als komfortabler.

Ein Teleskop kauft man nicht einfach so. Vorzugsweise sollte man sich für ein wasserdichtes Modell mit Innenfokussierung über ein Fokussierrad entscheiden. Die meisten Teleskope bieten eine Auswahl an Vergrößerungen entweder durch ein festes Okular mit variabler Vergrößerung (weniger empfehlenswert) oder durch einen Satz auswechselbarer Okulare, die einfach aufgeschraubt werden. Es gibt auch einige binokulare Teleskope, die zwar im Allgemeinen sehr teuer sind (mehrere Hundert Euro), aber einen unvergleichlichen Komfort bei der Vogelbeobachtung bieten.

Als unerlässliches Hilfsmittel bei der Beobachtung mit dem Teleskop dient das Stativ, auf dem die Optik befestigt wird. Dazu muss es sehr robust und selbst voll ausgezogen noch absolut stabil sein. Die Investition in ein schweres, teures Stativ lohnt sich also. Denn es ergibt ja absolut keinen Sinn, zur Beobachtung eine hochwertige Optik mit starker Vergrößerung zu verwenden, wenn das Stativ schon bei einem schwachen Windhauch wackelt. Zumal dort, wo man ein Teleskop braucht, meist auch ein kräftiger Wind weht. Genauso nützt ein robustes und stabiles Stativ wenig, wenn man zwischen Optik und Stativ keinen hochwertigen Kugelkopf anbringt, denn alle Komponenten sind voneinander abhängig. Der Kugelkopf sorgt dafür, dass das Teleskop horizontal und vertikal geschwenkt werden kann. Daher müssen seine Bewegungsab-

Ein Stativ ist unverzichtbar für die Beobachtung mit dem Teleskop. Auch manche Ferngläser mit starker Vergrößerung (15 x oder 20 x) können mithilfe eines einfachen Adapters auf einem Stativ befestigt werden. Das abgebildete Modell ist klein und leicht. Ganz ausgezogen bietet es für die Arbeit mit einer starken Vergrößerung leider keine ausreichende Stabilität, schon gar nicht bei Wind.

läufe so weich und gleichmäßig wie möglich sein. Ein Maximum an Komfort bietet ein in Öl laufender Kugelkopf, wie er bei Kameras benutzt wird. Aber der ist natürlich teuer. Preisgünstiger ist ein solider, robuster und flexibler Kugelkopf für Fotoapparate.

UNERLÄSSLICHES ZUBEHÖR

Außer dem Fernglas und dem Teleskop ist für den Ornithologen auch das Notizbuch unverzichtbar, in dem er seine Beobachtungen festhält. So kann er sie immer fortschreiben und Vergleiche von einer Jahreszeit zur anderen, von einem Jahr zum anderen oder auch von einem Ort zum anderen anstellen.

Im Notizbuch werden systematisch die bestimmten Arten, ihr Alter und Geschlecht, ihr Verhalten und ihre Aktivitätszyklen festgehalten. Auch die Uhrzeit und Dauer der Beobachtung, die Flugrichtung, die Wetterbedingungen (Sonneneinstrahlung, Sichtweite bei Nebel, Stärke und Richtung des Windes, Temperatur) müssen angegeben werden. Wenn man eine seltene Art beobachtet, die offenbar abgewandert ist oder sich auf Wanderung befindet, versucht man, die Position anzugeben. Man bestimmt sie entweder auf einer Karte im Maßstab 1:25 000 durch Triangulation mithilfe eines Kompasses und eines Maßstabs oder besser noch mithilfe eines Zirkels. Oder man benutzt einen GPS-Empfänger, ein überaus praktisches Gerät, das inzwischen durchaus erschwinglich ist, aber viel Strom verbraucht, wenn man es ständig angeschaltet lässt (schon in einem kleinen Taschen-GPS sind 6 Mignonzellen LR6 nach 7 Stunden leer). Wenn man einem unbekannten Vogel begegnet, sollte man idealerweise schnell eine Skizze zeichnen, auf der man seine besonderen Merkmale angibt, anhand derer man ihn (vielleicht) später bestimmen kann.

Man kann natürlich auch alle Informationen auf einem kleinen Diktiergerät festhalten. Das hat den Vorteil, dass man vor Ort nicht schreiben muss. Aber dafür muss man hinterher zu Hause die Aufzeichnungen niederschreiben. Und schließlich sollte man als Anfänger oder wenn man weiß, dass man auf unbekannte Arten stoßen könnte, immer einen oder mehrere Feldführer zur Vogelbestimmung zur Hand haben.

VERHALTENSREGELN
FÜR DIE VOGELBEOBACHTUNG

Nun ist der frischgebackene Hobby-Ornithologe also mit der richtigen Kleidung ausgestattet und hat ein wunderschönes, nagelneues Fernglas um den Hals hängen. Zwar beult das Bestimmungsbuch die Jackentasche ein wenig aus, aber er ist guten Mutes und voller Pläne. Ungeduldig fährt er über Berg und Tal, wild entschlossen, eine Fülle von Beobachtungen mit nach Hause zu bringen, die in die Geschichte der Ornithologie eingehen werden. Er ist unterwegs zu einem kleinen Waldstück, wo er alle Vertreter der Vogelwelt inventarisieren will. Auf dem unbefestigten Waldweg gibt er etwas zu viel Gas, was der Motor mit lautem Röhren quittiert. Und die Staubwolke, die er aufwirbelt, würde einer Wüstenrallye alle Ehre machen. Als er aus dem Wagen steigt, knallt er schwungvoll die Tür ins Schloss.

Natürlich ist diese Szene etwas überzeichnet, aber in der Tat wäre das Abenteuer für einen solchen Möchtegern-Ornithologen schnell zu Ende. Außer einigen Meisen am Waldrand, einigen Krähen, die ihn aus sicherer Entfernung beobachten, oder einer Taube, die flügelschlagend davonflattert, würde er nichts zu sehen bekommen. Kaum wäre er im Wald angekommen, würden laute, heisere Schreie durchs Geäst tönen. Der Eichelhäher ist ein richtiger Wachvogel und warnt den ganzen Wald vor solchen Störenfrieden. Leider kommt die zugeknallte Autotür nicht nur bei Anfängern vor. Auch zahlreiche erfahrene Vogelbeobachter oder solche, die sich dafür halten, benehmen sich in der Natur, als wäre sie ihr Eigentum. Wer selbst einmal in den Wald gegangen ist, ohne ein bisschen Rücksicht zu nehmen, wird auch das zweifelhafte Vergnügen gehabt haben, von den Warnschreien des Eichelhähers empfangen zu werden. Dieses Missgeschick ist nicht nur den unerfahrenen Vogelbeobachtern vorbehalten.

Aus diesem wenig nachahmenswerten Szenario lässt sich ableiten, dass man einige Regeln beachten muss, wenn man die Natur kennenlernen will. Mit anderen Worten, man muss wieder lernen, sich wie ein Tier zu verhalten. Dann werden die Tiere sich als Lohn für unsere Mühen auch ohne Misstrauen beobachten lassen. Aber natürlich sind solche Momente, in denen Tiere einen Eindringling entdecken, aber dulden, sehr selten und damit umso wertvoller.

WIE BEOBACHTET MAN?

Ist man zu Fuß unterwegs, muss man ganz behutsam vorgehen und so wenig Lärm wie möglich machen. Man muss also genau schauen, wohin man den Fuß setzt, um nicht auf Äste und Zweige zu treten – ihr Knacken würde in der Vogelwelt sofortigen Alarm auslösen. Genauso sind welkes Laub und Pfützen zu meiden, man darf keine Steine ins Rollen bringen, und man sollte oft stehen bleiben, um den Rufen und Gesängen der Vögel zu lauschen. Tiere bewegen sich selten ohne Zwischenstopp von einem Ort zum anderen. Also machen wir es einfach wie sie: Wir halten an, nicht nur um zu horchen, sondern auch um zu schauen. So wirken unsere Bewegungen harmlos. Außerdem lohnt es sich, ein weit gestrecktes Gebiet systematisch mit dem Fernglas abzusuchen, denn man entdeckt so manches ungeahnte Lebenszeichen. Hier erweist sich ein breites Sehfeld als sehr nützlich. Ist man in einer Gruppe unterwegs, sollten alle zusammenbleiben und langsam gehen. Dabei sollte man nicht reden oder, wenn es denn unbedingt nötig ist, nur mit leiser Stimme. Auf freiem Feld sollte man in die Hocke gehen, da die Umrisse einer aufrechten Gestalt den Tieren Gefahr signalisieren. Man muss

Nur an wenigen Orten kann man den Silberreiher unter solch idealen Bedingungen beobachten (Everglades-Nationalpark, Florida, USA).

Man muss einige Regeln beachten, wenn man die Natur kennenlernen will.

mit der kleinsten Erhebung verschmelzen, immer den Schatten suchen und sich so wenig wie möglich bewegen. Wenn sich dann etwas „rührt", merkt man es sofort. Auch im Schatten eines Baumes an den Stamm gelehnt kann man sehr gut Deckung finden. Dieser alte Trick funktioniert immer, sofern man sich nicht bewegt und leise ist.

Ganz allgemein kann man sagen, dass man versuchen muss, so wenig wie möglich aufrecht zu bleiben, selbst wenn man in der Hocke einen kleineren Wirkungskreis hat. Und man muss so weit wie möglich im Schatten bleiben. Natürlich ist das im Dickicht des Unterholzes sehr schwer, aber man muss immer versuchen, unbemerkt zu bleiben. Auf den Wind muss man dabei nicht achten, denn der Geruchssinn der Vögel ist sehr schwach entwickelt. Wenn sie uns bemerken, dann immer mithilfe des Gesichts- oder des Hörsinns. Weil der Wind aber selbst das leiseste Geräusch überträgt, sollte man immer gegen ihn gehen. Selbstverständlich verbietet sich jede plötzliche Bewegung, jeder Schrei, wenn man etwas entdeckt hat. Sonst ist die Flucht des Vogels vorprogrammiert.

Vom Auto aus kann man hervorragend beobachten, vorausgesetzt, dass man langsam und gleichmäßig fährt. Vögel sind ja an vorbeifahrende Autos auf der Straße und Traktoren auf dem Feld gewöhnt. Daher lassen sie sich auf diese Art sehr leicht beobachten. So kann man einen Bussard in wenigen Metern Entfernung auf einem Pfahl hocken oder eine Gruppe von Rebhühnern, eine sogenannte Kette, durchs Feld schreiten sehen. Man darf aber auf keinen Fall anhalten, sonst fliegen sie unweigerlich auf. Auch das Fahrrad ist ein bemerkenswert gutes Fortbewegungsmittel zur Vogelbeobachtung. Gegenüber dem Auto hat es den Vorteil, dass man die Vogelschreie hören kann und ein viel breiteres Sichtfeld hat.

Sobald man einen unbekannten Vogel entdeckt, muss man zunächst seine Größe schätzen (durch Vergleich mit einer oder mehreren bekannten Arten) und seine Umrisse bestimmen, um ihn einer Familie zuordnen zu können. Das erleichtert die Erkennung, schützt jedoch keineswegs vor groben Irrtümern, die selbst noch nach vielen Jahren der Praxis passieren. Gleichzeitig beobachtet man, was er tut, wie er sich am Boden fortbewegt, wie und in welcher Höhe er fliegt.

➔ Die Größe schätzen

Oft ist die Größe innerhalb einer Familie ein wichtiges Bestimmungskriterium. Doch die Schätzung kann durch diverse Faktoren erschwert werden, z. B. durch die Entfernung, die unmittelbare Umgebung oder die herrschenden Lichtverhältnisse. Bei grauem Himmel oder im Dunst erscheint ein Vogel nämlich oft größer als bei strahlendem Sonnenschein. Umgekehrt erscheint er kleiner, wenn er ganz allein in freiem Gelände oder am wolkenlosen Himmel auftaucht.

➔ Die Silhouette bestimmen

Bei einem kleinen Vogel schaut man, ob seine Gestalt eher rund und kompakt oder im Gegenteil gestreckt und dünn ist. Man achtet auf die Länge des Schwanzes und, wenn man nahe genug herankommt, auf die allgemeine Form des Schnabels: ob er eher kurz und konisch, klein und fein oder lang und spitz ist, ob er gerade oder gebogen ist usw. Bei einem größeren Vogel schätzt man auch die Länge der Füße und des Halses, bestimmt seine Haltung, ob er plump wirkt oder lang gestreckt (siehe Seite 42 f.).

➔ Charakteristische Merkmale erkennen

Außer der Größe, dem Verhalten und der Silhouette ist es wichtig, die besonderen Merkmale des Gefieders möglichst genau zu bestimmen, beispielsweise die Farbkontraste. Ist der Kopf einfarbig oder gibt es einen Überaugenstreif, eine

Kappe, ein Kopfband, einen Bartstreif? Ebenso müssen die Unterschiede zwischen Ober- und Unterseite des Vogels, die Farbmuster an den Flügeln, am Schwanz und am Bürzel bestimmt werden. Solche Farbmuster können z. B. Farbflecken, helle oder dunkle Bänder, Streifen- oder Punktmuster sein.

⊙ Über Farben

Bei guten Lichtverhältnissen spielen Farben eine wichtige Rolle. Aber sie variieren oft bei ein und derselben Art je nach Geschlecht, Alter und Jahreszeit. Jedoch lassen sich anhand der Gefiederfärbung gerade während der Balz die Männchen leicht erkennen, da sie meist prachtvoller gefärbt sind als die Weibchen. Natürliches Licht erzeugt jedoch oft so merkwürdige Farbeffekte, dass eine sichere Farbbestimmung nicht immer möglich ist. Wenn man also nicht gerade sehr nahe an den Vogel herankommt, ist es sehr wichtig, immer zuerst die Farbmuster des Gefieders zu bestimmen und dann erst den Farbton. Dies

BALZFLÜGE DER PIEPER UND LERCHEN

Baumpieper
Langsames Abwärtsgleiten
mit ausgebreiteten Flügeln,
dann zurück auf
den Ast.

Wiesenpieper
Abwärtsschweben zu-
rück auf den Boden.

Feldlerche
Senkrechtes Auf-
steigen, langsames
Abwärtsgleiten,
dann freier Fall.

Heidelerche
Aufsteigender Schraub-
flug. Landung am Boden
mit angelegten Flügeln.

Lerchen
Mehr oder weniger sichtbare
Haube. Kurzer Schwanz. Un-
tersetzte Figur.

Pieper
Feiner Schnabel. Mittellanger
Schwanz. Gestreckte Gestalt.

Im Gegenlicht ist es manchmal schwierig, eine Art zu bestimmen. So weiß man im Prinzip, dass man es mit einem Pelikan zu tun hat (oben links), kann aber nicht erkennen, dass es sich um einen Weißpelikan handelt (oben rechts). Genauso sind die Sturmvögel (unten) bei guter Beleuchtung leichter zu bestimmen.

gilt insbesondere für Greifvögel, Gänse und Enten, Seevögel und ganz eindeutig für Watvögel im Winter. Übrigens kann man in älteren Ausgaben von Feldführern feststellen, dass die meisten Abbildungen der Vogelarten Schwarz-Weiß-Darstellungen waren.

⊕ Typisches Verhalten erkennen

Wie bewegt sich der Vogel am Boden fort: Geht er, läuft er, hüpft er? Fliegt er schnell mit gleichmäßigem Flügelschlag oder gleitet er? Fliegt er geradeaus, bewegt er sich wellenförmig fort oder kreuzt er gegen den Wind? Klettert er einen Baumstamm gerade hinauf oder in einer schraubenförmigen Bewegung? Steigt er von dort auf oder läuft er den Baumstamm mit dem Kopf nach unten wieder hinab? Ist er still oder stößt er Schreie aus und, wenn ja, was für welche? Wenn er auf dem Wasser schwimmt, treibt sein Körper oben wie ein Korken oder ist er teilweise unter Wasser? Steht der Schwanz dabei in die Höhe oder liegt er waagerecht auf der Wasseroberfläche? Taucht er oder begnügt er sich damit herumzuplätschern? Kann er direkt starten oder läuft er erst ein Stück auf dem Wasser?

Für die Beobachtung des Vogelzugs im Gebirge erweisen sich Ferngläser mit breitem Sehfeld und geringer Vergrößerung (von 8 x 30 bis 10 x 40) als sehr nützlich, da man so die ziehenden Vögel schnell erfassen kann.

Die beste Beobachtungszeit

Im Prinzip kann man Vögel den ganzen Tag über beobachten und Standvögel das ganze Jahr. Dennoch sind bestimmte Zeiten günstiger als andere, denn am aktivsten sind Vögel bei der Nahrungssuche. Weitere geeignete Momente sind die Balz, die Verteidigung des Reviers, die Suche nach einem oder mehreren Partnern, das Füttern der Jungen, die Suche nach einem neuen Revier, der Nestbau sowie der Vogelzug.

Man hat also oft Gelegenheit, Vögel zu sehen und zu hören. Vor allem im Frühling kann man sie am besten im Morgengrauen und in den Stunden danach beobachten. Später wird es ruhig, bis etwa in der Mitte des Nachmittags die Aktivitäten wieder zunehmen und bis zur Dämmerung andauern. In den Abendstunden werden Vögel wie die Ziegenmelker besonders aktiv, und wenn man Glück hat, erspäht man vielleicht sogar einen Nachtvogel bei der Jagd. Mit anderen Worten, für ornithologische Feldbeobachtungen muss man früh aufstehen, hat dann aber gute Chancen, für seine Mühen reich belohnt zu werden. Selbst während des Vogelzugs machen die Vögel am späten Nachmittag Halt, ruhen sich aus, suchen während der Nacht Nahrung

Bei Nestern gilt: Abstand halten!

Vogelnester dürfen ausschließlich für wissenschaftliche Untersuchungen im Rahmen eines regionalen, nationalen oder internationalen Forschungsprojekts zum Nutzen der Allgemeinheit gesucht werden. Denn Vögel tun alles, um ihre Brut so gut wie möglich zu verstecken. Wenn Menschen sich den Nistplätzen nähern, kann es zur Katastrophe kommen, da sie Spuren hinterlassen, die Räubern oder weniger wohlmeinenden Zeitgenossen unter Umständen den Weg weisen. Selbst ein Amselnest im Garten muss geheim bleiben, denn die Katze des Hauses oder des Nachbarn ist schlau genug, es auch von selbst zu finden – man sollte ihr dabei nicht auch noch helfen. Diese Regel gilt umso mehr für seltene oder gefährdete Arten. Es muss reichen, die Entwicklung der Brut von Weitem zu beobachten und den örtlichen ornithologischen Verein oder die Ortsgruppe des Vogelschutzbunds zu benachrichtigen. Das Beobachten der ersten Flugversuche der Jungen wird der Lohn sein.

Ruhiger und sanfter Tourismus vor gar nicht scheuen Beobachtungsobjekten

und brechen früh am Morgen wieder auf. Wenn man sie beobachten und zählen will, muss man also an Ort und Stelle sein, bevor sie aufbrechen, d. h. oft schon vor Sonnenaufgang.

Und das ist dann der Moment, in dem man die Hilfe eines lichtstarken Fernglases vom Typ 7 x 50, 8 x 56, 10 x 50, 12 x 63 oder 15 x 60 so richtig zu schätzen lernt. Den Langschläfern sei zum Trost gesagt, dass es in unseren Breitengraden im Herbst und im Winter gemütlicher zugeht als im Frühling oder Frühsommer, da dann auch die Vögel meist erst später munter werden. Außerdem legen die meisten Tiere nach der Hälfte des Tages eine Pause ein, und die Vögel machen hier keine Ausnahme. Dann kann sich auch der Vogelbeobachter für einige Stunden eine ebenso erholsame wie wohlverdiente Pause gönnen.

Grundsätzlich ist die Balzzeit ideal für Hobby-Ornithologen. In dieser Zeit sind die Männchen sehr aktiv und zeigen sich bereitwillig. Zudem ist das die Zeit, in der die Natur gerade erst wieder erwacht und die Bäume fast unbelaubt sind, sodass sich ihre Bewohner leichter beobachten lassen. Nach der Paarung und der Eiablage beginnt eine

Phase, in der die Vögel sehr zurückgezogen und empfindlich sind: die Brutzeit. Jetzt muss man die Vögel in Ruhe lassen und darf nicht versuchen, sie am Nest zu beobachten, das sie so gut wie möglich versteckt haben. Es kann sonst passieren, dass sie ihre Brut aufgeben, bevor die Jungen geschlüpft sind.

WO BEOBACHTET MAN?

Man könnte zu Recht antworten: Überall. Denn Vögel kann man beobachten, wo immer man sich aufhält. Man kann mit dem Beobachten zunächst einmal in der nächsten Umgebung beginnen, selbst wenn man in der Stadt wohnt (auch in der Stadt gibt es nicht nur Tauben und Spatzen). Man kann versuchen, eine Liste aller Vogelarten, die sich dort aufhalten, zu erstellen. Rasch wird man feststellen, dass ihre Zahl sich im Laufe des Jahres verändert und dass man nicht unbedingt in jeder Jahreszeit die gleichen Arten sieht. Und wenn man dann die Bewohner seiner Umgebung gut genug kennt, kann man daran denken, andere Arten an anderen Plätzen zu beobachten. So kann man z. B. die Urlaubsreise in eine andere Gegend nutzen, um dort möglichst viele Vogelarten zu entdecken. Bestimmt gibt es neue Arten darunter, die man noch nicht kennt. Später wird man vielleicht sogar extra Reisen unternehmen, um eine ganz bestimmte Art zu entdecken. Oder man untersucht den Vogelzug von einem strategischen Punkt der Route aus, z. B. an einem Gebirgspass oder einem Kap, an einem Durchgangspunkt im Landesinneren, an einer Küste oder in einer Flusslandschaft.

GEZIELT FORSCHEN

Zwar ist die Vogelbeobachtung in erster Linie ein Vergnügen und dann erst eine Wissenschaft. Doch muss man sich auch eingestehen, dass es das Wissen kaum voranbringt, wenn man Beobachtungen nur in seinem Notizbuch verzeichnet und sie für sich behält. Man sollte seine persönlichen Forschungen also der Gemeinschaft zugute kommen lassen. Zu diesem Zweck gibt es eine ganze Anzahl

Auch wenn er des Menschen bester Freund ist: Nur ein sehr gut erzogener Hund, der sich still verhält, darf einen Ornithologen begleiten.

von Organisationen und Vereinen, die Kurse im Gelände anbieten. So kann man sich in die Geheimnisse der Vogelberingung einweihen lassen, an Zugvogelzählungen teilnehmen, die Vogelwelt einer bestimmten Gegend entdecken und sich schließlich für eine bestimmte Art, ein besonderes Verhalten oder die Beziehung einer Art zu ihrem Lebensraum interessieren. Auf diese Weise wird man nicht nur zu einem Spezialisten innerhalb der Ornithologie, sondern gleichzeitig auch zu einem Anhänger der Ethologie, d. h. der Wissenschaft, die sich mit dem Verhalten der Tiere beschäftigt.

Man kann aber auch die Beziehungen zwischen einer Art und ihrem bevorzugten Lebensraum untersuchen oder erforschen, warum eine andere, ähnliche Art sich für einen anderen Lebensraum entschieden hat. Und so sicher, wie der Vogel sein Nest baut, wird man über kurz oder lang diesen Lebensraum selbst erkunden. Danach wird man vielleicht die Verteilung der Arten und ihre Wanderbewegungen erforschen. Das bringt einen wiederum zu der Frage der Anpassungsfähigkeit der verschiedenen Arten: Reicht ihre Fortpflanzungsfähigkeit aus, die Art zu erhalten oder gar zu vermehren? Breiten sie sich in andere Reviere aus oder nimmt ihr Bestand eher ab? Sehr schnell ist man dann dabei, Faktoren zu untersuchen, die außerhalb der eigentlichen Vogelwelt liegen, diese aber beeinflussen. Und man wird feststellen, dass der Faktor

Mensch zu den wichtigsten gehört. Mit anderen Worten, man wird sich rasch dessen bewusst, dass eine noch so winzige und bescheidene Beschäftigung mit der Natur immer bei unserer eigenen Spezies endet.

Diese Erkenntnis geht einher mit der Entwicklung eines Verantwortungsbewusstseins, das für jeden wahren Naturbeobachter, ob nun Hobby-Forscher oder ausgewiesener Wissenschaftler, unverzichtbar ist. Dieses Verantwortungsbewusstsein wird jeden Naturfreund dazu bringen, bestimmte Verhaltensregeln einzuhalten.

DER VERHALTENSKODEX

In Großbritannien hat die Royal Society for the Protection of Birds (RSPB) einen Verhaltenskodex für Vogelbeobachter *(Birdwatcher's Code of Conduct)* herausgegeben. Wir wollen hier die 10 Grundregeln wiedergeben:

1. Die Ungestörtheit und der Schutz der Vögel haben vor jeder anderen Überlegung Vorrang. Dies gilt auch für andere wild lebende Tiere.
2. Ihr Lebensraum muss bewahrt werden. Achten Sie darauf, dass er keinen Schaden nimmt. Machen Sie kein Feuer, werfen Sie keine Abfälle weg, unterlassen Sie unnützes Sammeln oder Pflücken von Pflanzen.
3. Vermeiden Sie jede Art der Störung. Bleiben Sie auf den Wegen und halten Sie sich von den Pflanzen fern. Führen Sie Ihren Hund an der Leine.
4. Hüten Sie sich, den Nistplatz einer seltenen Art bekannt zu machen. Überlegen Sie sorgfältig, welche natürlichen oder juristischen Personen Sie darüber informieren.
5. Verhalten Sie sich gegenüber einer seltenen Art doppelt vorsichtig, egal ob es sich um Stand- oder Zugvögel handelt, denn sie ist stärker gefährdet als eine verbreitete Art.
6. Halten Sie sich an die geltenden Gesetze und beachten Sie die Vogelschutzrichtlinien der Region, in der Sie sich befinden.
7. Verletzen Sie nicht die Rechte Dritter: von Grundstückseigentümern, Landwirten, Förstern, Gebietskörperschaften oder des Staates.

Die Vogelbeobachtung ist in erster Linie ein Vergnügen und dann erst eine Wissenschaft.

Beschädigen Sie keine Hecken oder Zäune, versperren Sie keine Wege mit Ihrem Fahrzeug, erschweren Sie nicht den Zugang zu einem Bach, betreten Sie keine Uferbefestigungen, Anleger oder Bauwerke aller Art.

8. Denken Sie nicht, die Natur gehöre Ihnen ganz alleine, sondern achten Sie auch die Rechte der anderen Besucher.

9. Teilen Sie Ihre Beobachtungen dem örtlichen ornithologischen Verein mit oder, wenn es keinen gibt, den regionalen oder nationalen Organisationen.

10. Benehmen Sie sich in der Natur wie in Ihren eigenen vier Wänden.

Diese Regeln machen nachdenklich. Denn sosehr sie dem gesunden Menschenverstand entsprechen, so sehr überrascht es, dass eine Organisation es eines Tages für notwendig erachtet hat, sie zu veröffentlichen. Heute gelten sie weltweit als die „10 Gebote" des guten Benehmens in der Natur. Der Regel Nr. 3 könnte man noch hinzufügen, dass es noch besser wäre, den Hund zu Hause zu lassen. Denn ein angeleinter Hund ist eine Einschränkung für sein Herrchen (nichtsdestoweniger ist das gesetzlich vorgeschrieben). Und wenn er nicht gerade perfekt erzogen ist und aufs Wort gehorcht, ist ein Hund nun einmal ein geborener Jäger, der eine Bedrohung für die Brut von Rebhühnern oder Lerchen darstellt. Auch für den Wurf eines Hasen oder eines anderen am Boden lebenden Tieres ist er eine Gefahr und kann, nebenbei bemerkt, auch mühelos eine Viehherde auf der benachbarten Weide in Unruhe versetzen.

Auch die Regeln Nr. 4 und 5 können nicht unkommentiert bleiben, denn es kann diverse Gründe geben, dass eine Art selten ist. Sie kann in der Gegend wenig verbreitet sein, weil man sich an der Grenze ihres regionalen oder weltweiten Verbreitungsgebiets befindet. Dieser wenig verbreiteten Art kann es sehr gut gehen, aber sie kann auch zahlenmäßig stark schwanken. Dann muss sie aufmerksam beobachtet werden. In Deutschland gilt dies beispielsweise für den Eissturmvogel *(Fulnarus glacialis)*, für den Helgoland den äußersten Südosten seines Verbreitungsgebiets darstellt.

Andere Arten nehmen ab, weil durch die Intensivierung der Landwirtschaft, durch den Einsatz von Pestiziden oder durch andere Eingriffe in die Natur, wie z. B die Entwässerung von Feuchtgebieten, ihre Lebensräume immer kleiner werden oder sogar ganz verschwinden. Zu den bei uns stark abnehmenden Arten gehören beispielsweise Kiebitz, Uferschnepfe und Bekassine, die zum Überleben Feuchtgebiete brauchen. Auch Trockenrasen und Heiden besiedelnde Arten wie Steinschmätzer und Brachpieper haben stark abgenommen, ebenso Küstenvögel wie Sand- und Seeregenpfeifer. Andere Arten sind zwar noch weit verbreitet und relativ häufig, ihr Bestand hat aber in den letzten Jahren deutlich abgenommen. Zu ihnen zählen Arten wie Rebhuhn, Turteltaube, Feldlerche, Rauchschwalbe, Feldsperling und Bluthänfling. Von den rund 300 bei uns heimischen Brutvögeln stehen 110 Arten – 42 % – auf der Roten Liste der Brutvögel Deutschlands. Weitere Arten stehen auf der Vorwarnliste.

Darüber hinaus kann eine Art selten sein oder nur gelegentlich und ausnahmsweise vorkommen, weil sie außerhalb ihres normalen Verbreitungsgebiets beobachtet wurde. Dabei kann es sich um eine der zahlreichen Zugvogelarten handeln, die sich durch klimatische Einflüsse oder punktuelle Ereignisse von ihren gewohnten Wanderrouten ablenken lassen.

Außerdem wollen wir noch einige Ratschläge geben, die zwar auch dem gesunden Menschenverstand entsprechen, aber sich dennoch nicht für jeden von selbst verstehen:

– Hüten Sie sich vor Auseinandersetzungen mit Jägern. Suchen Sie das Gespräch, aber seien Sie konstruktiv, denn jeder kann vom anderen noch etwas lernen.

– Genauso können Sie sicher sein, dass es in der Natur keine Schwarz-Weiß-Malerei gibt: hier die Guten („wir"), dort die Bösen („die da"). Eine solche Haltung führt zu nutzlosem Ereifern, facht den Groll an und endet in einer Sackgasse. Davon hat die Natur gar nichts.

– Verfallen Sie nicht in den Irrglauben, dass man unter dem Banner des Naturschutzes das Gesetz selbst in die Hand nehmen darf, sondern halten Sie sich an die geltenden Gesetze und Gewohnheitsrechte. Nur mit vorbildlichem und verbindlichem Verhalten verschafft man sich Gehör und kann die Argumente der anderen hören.

– Versuchen Sie nicht um jeden Preis einen Vogel zu beobachten, „den die anderen auch gesehen haben". Sie würden ihn nur noch mehr stören. Das Erforschen der Natur ist kein Sport und kein Wettstreit, sondern eine Wissenschaft, ein Vergnügen, ja eine Kunst.

– Üben Sie Bescheidenheit, was Ihr Wissen angeht: Stellen Sie Ihre Entscheidungen immer wieder in Frage.

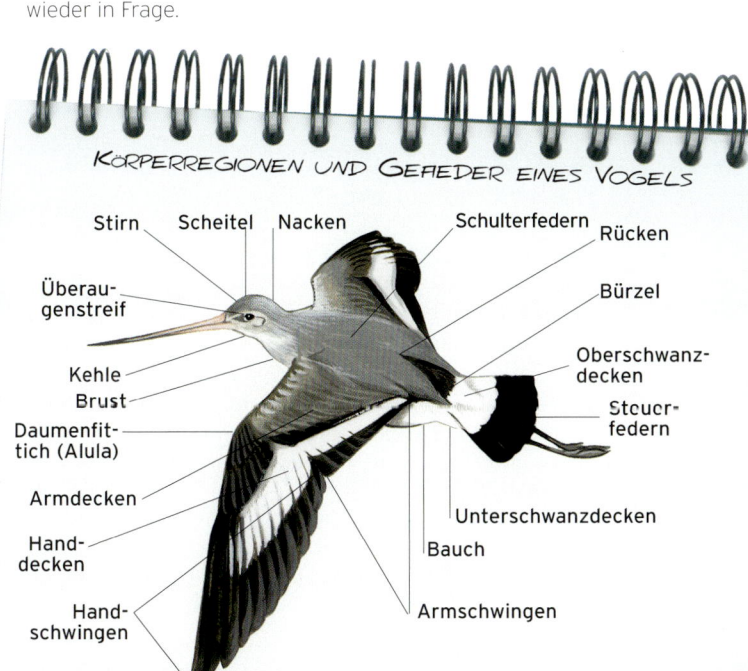

KÖRPERREGIONEN UND GEFIEDER EINES VOGELS

Stirn · Scheitel · Nacken · Schulterfedern · Rücken

Überaugenstreif

Bürzel

Kehle

Oberschwanzdecken

Brust

Steuerfedern

Daumenfittich (Alula)

Armdecken

Unterschwanzdecken

Handdecken

Bauch

Handschwingen

Armschwingen

VOGELNAMEN

Vögel haben so viele Namen, wie es Sprachen, Dialekte und Sprachgewohnheiten gibt, aber auch Länder, Regionen, Täler und Dörfer haben manchmal ihre eigenen Vogelnamen. Doch während es beispielsweise im Französischen in Frankreich, Belgien oder im französischsprachigen Kanada durchaus ganz unterschiedliche Namen für ein und denselben Vogel gibt, findet man bei den offiziellen Namen zwischen Deutschland und Österreich oder der Schweiz nur wenige Unterschiede. Natürlich gibt es für einige Namen Synonyme. So ist etwa der Rotmilan auch als Gabelweihe bekannt, der Neuntöter als Rotrückenwürger, der Grünling als Grünfink und der Distelfink als Stieglitz. Den Gimpel kennen viele Menschen auch als Dompfaff und der Zitronengirlitz wird auch Zitronenzeisig genannt. Trotzdem kommt es nur selten zu Missverständnissen.

Zur Herkunft und Entstehung der deutschen Vogelnamen gibt es ganze Bücher. Bei manchen Vogelarten lässt sich der Name einfach aus ihren Lautäußerungen ableiten. Beispiele davon sind der Uhu, der Kuckuck und der Zilpzalp. Sein Ruf *stig-litt* hat dem Stieglitz seinen Namen gegeben, *ki-witt* führte zu dem Namen Kiebitz, und auch bei den Krähen und Raben weisen die Rufe auf die Namen hin. Andere Vögel wurden nach ihren speziellen Verhaltensweisen benannt: Die enorme Beweglichkeit seines Halses gab dem Wendehals seinen Namen, und der Begriff „Nachtigall" leitet sich von dem Wort „Nacht" sowie dem germanischen „galen" für „singen" ab.

Und natürlich finden sich auch äußere Merkmale in Vogelnamen wieder: Die Spießente verdankt ihren Namen ihrem langen Schwanz, die Löffelente ihrem breiten Schnabel.

Um Irrtümer auszuschließen, sollte man sich jedoch mit den allgemein anerkannten wissenschaftlichen Namen vertraut machen. Das ist kein Snobismus, sondern schlicht eine Notwendigkeit.

Die wissenschaftlichen Namen werden nach strengen, einheitlichen Kriterien vergeben. Dennoch sind sie nicht unabänderlich, denn auch die Wissenschaft, die sich mit der Benennung und Klassifizierung von Pflanzen und Tieren befasst, die Taxonomie oder Systematik, entwickelt sich mit zunehmenden Kenntnissen weiter.

Die Klassifizierung geht nach folgendem Schema vor: Reich (Tier- oder Pflanzenreich), Unterreich, Stamm, Unterstamm, Klasse, Unterklasse, Überordnung, Ordnung, Unterordnung,

Überfamilie, Familie, Unterfamilie, Tribus, Gattung, Untergattung, Überart, Art, Unterart.

Nehmen wir als Beispiel den Haussperling, den es auf der ganzen Welt gibt, außer in den Wüsten.
Er gehört zum Tierreich *(Animalia)*, zum Stamm der Chordatiere *(Chordata)*, zum Unterstamm der Wirbeltiere *(Vertebrata)*, zur Klasse der Vögel *(Aves)*, zur Ordnung der Sperlingsvögel *(Passeriformes)*, zur Unterordnung der Singvögel *(Passeres)*, zur Familie der Sperlinge *(Passeridae)*, zur Gattung Passer und zur Art Haussperling *(Passer domesticus)*. Dazu gibt es noch wieder diverse Unterarten, wie z. B. den Italiensperling *(Passer domesticus italiae)*, den man vor allem in Italien, aber auch in manchen Regionen Südfrankreichs sowie auf Korsika findet.
Wie so oft spielt auch hier die Rechtschreibung eine wichtige Rolle: Der Name der Gattung wird immer mit einem Großbuchstaben geschrieben *(Passer)*, ggf. gefolgt von der Untergattung in Klammern, ebenfalls mit einem Großbuchstaben, und schließlich den Namen der Art und Unterart, die immer mit einem Kleinbuchstaben *(domesticus italiae)* beginnen. Diese internationalen Rechtschreibregeln wurden vom XV. Internationalen Kongress für Zoologie erarbeitet und beschlossen und stellen den sichersten Weg dar, sich über alle Kontinente hinweg zu verstehen. Genauso schreiben sich in einer wissenschaftlichen Veröffentlichung die Namen des Reiches, des Stammes, der Klasse, der Ordnung und der Familie in der jeweiligen Sprache mit einem Großbuchstaben.

GESTALT EINIGER BEKANNTER

Sperlingsvögel

Laubsänger
Klein. Feiner Schnabel. Schlank.

Goldhähnchen
Sehr klein. Kleiner Schnabel. Rundlich.

Blaumeise
Rundliche Gestalt. Kräftiger, kleiner Schnabel. Rundlicher Kopf. Kann sich an Zweige hängen.

Mönchsgrasmücke
Feiner Schnabel. Gestreckte Gestalt.

Ammer
Dicker, konischer Schnabel. Langer Schwanz. Gedrungen.

Rotkehlchen
Feiner, langer Schnabel. Rundlich.

Buchfink
Kräftiger, konischer Schnabel. Rundlicher Kopf. Schlank.

Heckenbraunelle
Feiner Schnabel. Kompakte Gestalt.

Rotschwanz
Feiner Schnabel. Lange Füße. Langer Schwanz.

Star
Fliehende Stirn. Große Füße. Kurzer Schwanz.

Amsel und Drossel
Mittellanger, feiner Schnabel. Rundlicher Kopf mit deutlich sichtbarer Stirn. Mittellanger, breiter Schwanz. Kräftige Füße. Dicker Bauch.

Würger
Großer, rundlicher Kopf. Dicker Hakenschnabel. Mittellanger, abgerundeter Schwanz. Kräftige Füße.

Pirol
Mittelgroß. Schlank. Leicht gebogener, kräftiger Schnabel.

Fliegenschnäpper
Feiner Schnabel. Sehr aufrechte Sitzhaltung.

VOGELARTEN

Watvögel

Austernfischer
Schwarz-weiß. Orangeroter Schnabel.

Uferschnepfe
Langer, feiner Schnabel, leicht aufwärts gebogen.

Stelzenläufer
Feiner Schnabel. Sehr lange Beine.

Kiebitz
Kurzer Schnabel. Schopf.

Rotschenkel
Lange, orangerote Beine.

Bekassine
Sehr langer Schnabel.

Goldregenpfeifer
Kurzer Schnabel. Rundlich.

Alpenstrandläufer
Schwach gekrümmter Schnabel.

Sandregenpfeifer
Kleiner Schnabel. Waagerechte Körperhaltung.

Schreitvögel

Kranich
Kurzer, weißer Schnabel. Schmuckfedern am Körperende.

Weißstorch
Langer, roter Schnabel.

Reiher
Langer Schnabel. Schopf.

Flugbilder

Kranich
Hals gestreckt. Kurzer Schnabel.

Weißstorch
Hals gestreckt. Langer Schnabel.

Reiher
Hals im Flug eingezogen.

EINIGE BEKANNTE VOGELARTEN

Greifvögel

Gänsegeier
Sehr breite Flügel. Kleiner Kopf. Kurzer Schwanz.

Bartgeier
Lange Flügel. Langer, keilförmiger Schwanz.

Schmutzgeier
Schwarz-weiß. Keilförmiger Schwanz.

Rotmilan
Gegabelter Schwanz.

Wespenbussard
Schmalere Flügel als der Mäusebussard. Weit vorgestreckter Kopf.

Wanderfalke
Breite, spitz zulaufende Flügel. Eher kurz wirkender Schwanz.

Flugbilder

Gänsegeier
Aufwärtsgerichteter Segelflug.

Geier allgemein, Bart- und Schmutzgeier
Gleitflug.

Steinadler
Aufwärtsgerichteter Segelflug.

Fischadler
Gleichmäßiger Schwebflug.

Schlangenadler
Gleichmäßiger Schwebflug.

IM FLUG

Steinadler
Dunkelbraun. Breite Flügel.
Abgerundeter
Schwanz.

Fischadler
Lange Flügel. Kleiner Kopf.
Kleiner Schwanz.

Schlangenadler
Breite Flügel. Großer, rundlicher Kopf. Abge-
rundeter Schwanz.

Mäusebussard
Breiter, wenig hervor-
stehender Kopf.
Gestreifter
Schwanz.

Habicht
Abgerundete
Flügel. Langer Schwanz.

Kornweihe
Schlanke, leicht gebogene
Flügel. Langer Schwanz.

Turmfalke
Mittellanger Schwanz.

Krähe

Baumfalke
Spitz zulaufende
Flügel. Kurzer
Schwanz.

Habicht-Männchen
Größer als eine Krähe.

Sperber-Weibchen
Kleiner als eine Krähe.

Flugbilder

Wanderfalke
Aufwärtsgerichteter Segelflug.

Weihe
Gleitender, aufwärts-
gerichteter Segelflug.

Wespenbussard
Aufwärtsgerichteter Segelflug.

Mäusebussard
Aufwärtsgerichteter Segelflug.

Rotmilan
Gleitender, aufwärtsgerichteter Segelflug.

VÖGEL
ANLOCKEN

Eine lebende Hecke bietet zahlreichen Vögeln Nistplatz und Schutz zugleich.

DIE RICHTIGEN PFLANZEN

Wer im Besitz eines Gartens ist, will daraus vielleicht ein Refugium für wild lebende Vögel machen, um sie dort gut behütet nisten sehen zu können. Wenn man nicht gerade ein gut eingewachsenes altes Grundstück geerbt hat, wird man den Garten erst einmal entsprechend bepflanzen müssen. Im Idealfall gleicht ein solcher Garten einem natürlichen Biotop. Am besten geht man in der Umgebung herum und schaut, welche Bäume, Sträucher, Büsche, Hecken und Gestrüpp dort gedeihen. Man muss aber nicht immer den Idealfall verwirklichen. Auch ein Kompromiss aus heimischen und Ziergehölzen ist möglich. Denn zahlreiche Ziersträucher eignen sich durchaus für die Vogelwelt, sowohl als Nistplatz wie auch für die Jagd nach Insekten oder als Lieferant für Samen und Früchte.

⊙ Hecken
Kein Garten ohne Hecke! Doch das Spektrum ist groß: Eine Hecke kann eine ornithologische Wüste oder aber eine wahre Attraktion für Vögel

sein. Lassen wir also die Lorbeerkirsche *(Prunus laurocerasus)* beiseite und ebenso die dicht gepflanzte Thuja-Hecke, die ständig zurückgeschnitten wird, sodass sie sich gar nicht entwickeln kann. Hier leben kaum Insekten und folglich werden hier kaum Vögel Nahrung suchen oder nisten. Pflanzen wir also eine lebende Hecke, die wir aus verschiedenen Arten zusammensetzen und möglichst nicht schneiden, damit sie sich gut entwickeln und Früchte tragen kann. Eine Hecke aus Berberitzen *(Berberis)*, Zwergmispeln *(Cotoneaster)*, Feuerdorn *(Pyracantha)* und Gewöhnlichem Schneeball *(Viburnum opulus)* sowie Wolligem Schneeball *(Viburnum lantana)* ist eine Augenweide, besonders im Herbst. Außerdem ist sie für die Vögel nicht nur ein undurchdringlicher Schutzwall, sondern mit ihren Beeren auch eine reiche Futterquelle. Nicht vergessen sollte man auch den Schwarzen Holunder *(Sambucus nigra)*, den Weißdorn *(Crataegus laevigata)* und die Hundsrose *(Rosa canina)* mit ihren Hagebutten. Ihre zarten Blüten erfreuen den Betrachter und ihre Früchte sind ein Festmahl für die Vögel. Hagebutten lieben die verschiedensten Arten, insbesondere die Drosseln, die das Fruchtfleisch fressen, aber die Kerne übrig lassen, und diverse Finken-Arten, die sich von den Kernen ernähren und das Fruchtfleisch liegen lassen. Mit der Hundsrose kann man auch sehr gut die Schlehe *(Prunus spinosa)* kombinieren, auch Schwarzdorn genannt. Ihre zahlreichen, mit spitzen Dornen bewehrten Zweige halten jeden Eindringling fern, auch die Hauskatze, die so nicht das Nest der Amsel plündern kann. Mit Schlehen kann man einen wunderbaren Schnaps aufsetzen, Amseln und Drosseln genießen die Früchte pur, und die wohlriechenden Blüten ziehen Schmetterlinge,

AUF DEN BODEN KOMMT ES AN!

Wir haben hier Pflanzenarten genannt, ohne auf ihre Ansprüche an den Boden einzugehen. Um zu wissen, was man auf seinem Grundstück pflanzen kann, sollte man einen kompetenten Gärtner zu Rate ziehen.

Bienen und Hummeln an, die für die Bestäubung sorgen.

Auch eine schöne Brombeerhecke *(Rubus fructicosus)* oder die Zimthimbeere *(Rubus odoratus)* bilden nicht nur ein undurchdringliches Hindernis, sondern dienen als Zuflucht und Nahrungsquelle für eine Vielzahl von Vögeln, insbesondere für Nachtigall, Zaunkönig, Heckenbraunelle und Amsel, um nur einige zu nennen.

Der Haselnussstrauch *(Corylus avellana)* wird mit seinen Früchten besonders Meisen, Kleiber, Spechte (vor allem den Buntspecht), aber auch Elstern erfreuen.

⊕ Bäume und Sträucher

Stehen eventuell schon große Bäume länger im Garten, kann man sie sehr gut durch einige besonders vogelgerechte Arten ergänzen:

– Eberesche *(Sorbus aucuparia)*: erreicht eine Höhe von 15 m. Ihre Früchte sind bei zahlreichen Vögeln sehr begehrt (Erlenzeisig, Sumpfmeise).

Die Eberesche (Vogelbeerstrauch) ist ein schönes Laubgehölz, dessen Früchte unser Auge erfreuen und den Appetit der Vögel stillen.

Im Schwarzen Holunder finden viele Vögel einen Nistplatz, und seine saftigen Früchte bieten ihnen im Spätsommer reichlich Nahrung.

– Schwarz-Erle *(Alnus glutinosa)*: bis zu 30 m hoch. Ihre Kätzchen werden von manchen Vögeln geschätzt.

– Silber-Weide *(Salix alba)*: bis zu 25 m hoch. Ihre Kätzchen ziehen zahlreiche Vögel an.

– Sommer-Linde *(Tilia platyphyllos)*: bis zu 35 m hoch.

– Vogel-Kirsche *(Prunus avium)*: bis zu 20 m hoch. Ihr Name geht auf die Vorliebe der Vögel für ihre Früchte zurück.

– Hainbuche *(Carpinus betulus)*: bis zu 25 m hoch. Ihre Kätzchen werden sehr geschätzt.

– Wildapfel *(Malus sylvestris)*: bis zu 10 m hoch. Seine Früchte sind bei besonders vielen Vögeln begehrt, da sie sie vor dem Hungertod im Winter retten. Außerdem bietet er Nistmöglichkeiten in seinem Geäst, unter seiner Rinde (Baumläufer) oder in Höhlen (Buntspecht, Kleinspecht, Kleiber, Star).

– Birnbaum *(Pyrus communis)*: bis zu 20 m hoch. Er wird ebenfalls von den Vögeln sehr geschätzt, denn er bietet Nahrung und in seinem Geäst Platz zum Nestbau.

– Sauerkirsche *(Prunus cerasus)*: bis zu 6 m hoch. Viele Vögel schätzen ihre Früchte.

– Mehlbeere *(Sorbus aria)*: bis zu 20 m hoch. Bietet zahlreichen Vögeln Platz zum Nisten und reichlich Nahrung mit Früchten, die den Vogelbeeren ähneln.

– Hängebirke *(Betula pendula)*: bis zu 20 m hoch. Ihre Kätzchen werden von manchen Vögeln geschätzt.

Ein Tümpel für die Vögel

Alle Vögel brauchen zum Trinken und Baden Wasser. Warum also nicht einen kleinen Gartenteich anlegen? Er sollte nicht zu tief sein (1 m), sanft abfallende Ufer und einen geeigneten Pflanzenbewuchs haben.

Das ist im Prinzip ganz einfach. Man gräbt ein Loch mit den Umrissen des geplanten Teiches. Auf den Grund kommt eine 5–10 cm hohe Sandschicht, darüber eine dicke Polyethylen-Folie, die rundum etwa 60 cm über den Teichrand ragt. Das Substrat für die Pflanzen muss mager sein, weil es sonst rasch zur Algenblüte kommt. Bewährt hat sich eine Mischung aus Lehm und Sand im Verhältnis 1:3. Es werden nur die Stellen im Teich mit etwa 5 cm Substrat bedeckt, die bepflanzt werden. Darüber kommen 2–3 cm Kies.

Nun wird der Teich vorsichtig mit Wasser befüllt. Nach einiger Zeit schneidet man die überstehenden Folienränder bis auf etwa 40 cm Überstand zurück und bedeckt sie mit Erde.

Es dauert eine gute Woche, bis sich das Substrat setzt. Dann kann man mit dem Pflanzen beginnen, und schon kurz darauf werden die ersten Vögel kommen.

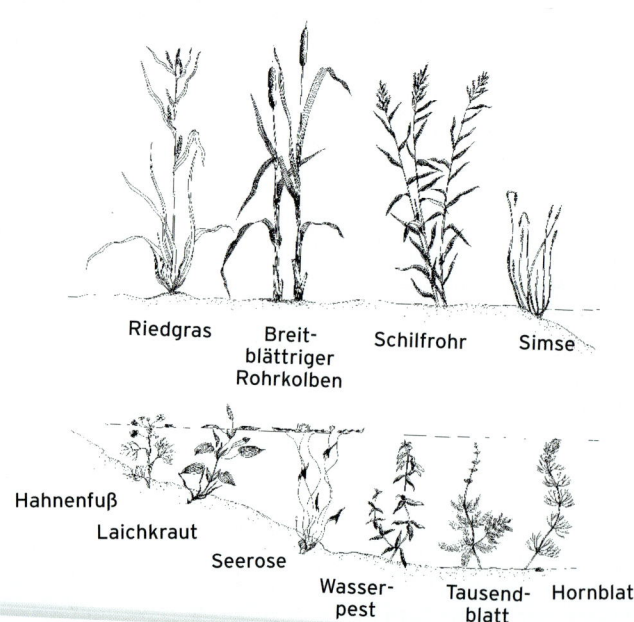

Riedgras   Breit-blättriger Rohrkolben   Schilfrohr   Simse

Hahnenfuß   Laichkraut   Seerose   Wasserpest   Tausendblatt   Hornblatt

– Eiche *(Quercus spec.)*: 30-40 m hoch. Dieser bemerkenswerte Baum wächst sehr langsam, ist aber außerordentlich widerstandsfähig. Voll entwickelt bietet er besonders vielen Vögeln Deckung. Einige, wie z. B. der Eichelhäher, leben von seinen Eicheln. Im Idealfall hat man bereits eine Eiche in seinem Garten.

– Feldahorn *(Acer campestris)*: bis zu 20 m hoch. Bietet zahlreichen Vögeln Platz zum Nisten.

– Gewöhnlicher Liguster *(Ligustrum vulgare)*: bis zu 2 m hoher Strauch. Im Winter bietet er eine gute Deckung, denn seine Blätter fallen erst spät im Jahr ab. Seine Früchte werden von den Drosselvögeln geschätzt.

– Gemeiner Wacholder *(Juniperus communis)*: 10-12 m hoher buschiger Strauch. Seine Deckung und seine Früchte werden geschätzt.

Auch Flieder, Stechpalme, Efeu, Kletterrose, Ginster, Jasmin, Abendländischer Lebensbaum – solange er noch jung ist – und Hortensien als Vorpflanzung vor einer Mauer sind ein Blickfang. Nicht vergessen wollen wir Nadelgehölze wie die Europäische Lärche, die Fichte, die Schwarzkiefer, die Weißtanne oder auch die Libanesische Zeder. Sie alle bieten viel Schutz für Meisen und Baumläufer, besonders im Winter.

MINDESTABSTÄNDE ZWISCHEN DEN NISTKÄSTEN
(NACH J.-F. DEJONGHE, 1983)

– Wendehals	200 m
– Buntspecht	160 m
– Kleiber	150 m
– Gartenbaumläufer	100 m
– Gartenrotschwanz	70 m
– Kohlmeise	50 m
– Bachstelze	30 m
– Grauschnäpper	15 m

NISTKÄSTEN, FUTTERPLÄTZE UND VOGELTRÄNKEN

Finden Vögel in einem dicht bepflanzten Garten reichlich Nistmöglichkeiten, so ist das nicht so in

MITTLERE REVIERGRÖSSE
(IN M²)

– Zaunkönig	1000–10 000
– Amsel	1200
– Singdrossel	40 000
– Misteldrossel mindestens	150 000
– Rotkehlchen	6000
– Fitis	1500
– Buchfink	4000
– Sumpfmeise	4000–65 000
Eines der kleinsten Reviere:	
– Lachmöwe	0,3
Eines der größten Reviere:	
– Steinadler	93 000 000 (9300 ha)

einem Garten, der weniger natürliche Verstecke bietet. Diesem Mangel kann man mit Nistkästen abhelfen.

Allerdings muss man sich darüber im Klaren sein, dass von den Nistkästen Vögel angezogen werden, die normalerweise in Höhlen nisten, und dass sich nicht jeder Nistkasten für jede Vogelart eignet. Jede Art bevorzugt bestimmte Formen und bestimmte Größen. Im Übrigen kann man einen Nistkasten auch nicht irgendwo und irgendwie aufhängen. Sonst könnten sich dort leicht Wespen oder Ratten einnisten. Ebenso sollte man nicht zu viele Nistkästen aufhängen, denn in erster Linie wollen wir ja die Natur respektieren. Dazu müssen wir sie so umsichtig wie möglich kopieren und dabei vor allem die nötige Reviergröße, die jeder Vogel zum Leben und jedes Paar zum Nestbau braucht, sowie auch die Mindesthöhe über dem Boden berücksichtigen.

⤳ Vogelreviere

Vogelreviere sind besonders wichtig in der Brutsaison, während ihre Bedeutung während der Überwinterung abnimmt. Manche Vogelarten sieht man im Winter in großen Schwärmen beisammen, während sie zur Zeit des Nestbaus kaum zu sehen sind.

Sie sind aber nicht verschwunden, sondern jedes Paar beansprucht ein Revier, das oft heftig verteidigt wird. Diese Aufgabe erfüllt meist das Männchen mit seinem Gesang sowie mit auffälligen Verhaltensweisen. Die Gesänge der Vögel sind nämlich weniger Liebesserenaden für die Weibchen, sondern vielmehr Imponiergehabe der Männchen, die damit ihre Artgenossen von dem Revier fernhalten wollen. Überschreitet ein Eindringling der gleichen Art die Grenzen des Reviers, wird er rüde vertrieben. Nähert er sich gar dem sensiblen Bereich rund um das Nest, wird er von Männchen und Weibchen gnadenlos gejagt. Dagegen ist das Revier im weiteren Sinne für andere Arten frei zugänglich, da sie im Allgemeinen keine Konkurrenz bei der Nahrungssuche darstellen. Nur im unmittelbaren Nestbereich wird von den meisten Arten niemand geduldet. Dieser begrenzte und unverletzliche Bereich wird als Brutrevier bezeichnet, während das ausgedehntere Gebiet, in dem der Vogel Nahrung sucht, allgemein Revier oder Nahrungsrevier genannt wird. So stürzt sich der kleine Turmfalke ohne zu zögern auf den riesigen Steinadler, wenn dieser sich seinem Nest nähert, während er keine Energie darauf verschwenden wird, solange der Adler sich nur in seinem Nahrungsrevier aufhält. Im Allgemeinen wird das Nahrungsrevier im Winter, wenn die Nahrung knapp wird, erheblich ausgeweitet. Daher sieht man dann so viele Vögel beisammen. Für diese Vogelscharen gilt die Redensart „Gemeinsam sind wir stark", denn mehrere Augenpaare finden schneller und sicherer Nahrung als ein einzelner Vogel.

Außerdem hat diese Gruppenbildung auch noch eine wärmeregulierende Funktion, die bei niedrigen Temperaturen durchaus ihre Bedeutung hat. Während der Ruhephasen drängen die Vögel sich nämlich eng aneinander. Und schließlich garantiert der Zusammenschluss auch noch das Überleben, denn nicht alle gehen gleichzeitig der Nahrungsaufnahme nach. So finden sich immer einige Individuen, die Alarm schlagen, wenn sich ein Räuber nähert, während ein einzelner geschwächter Vogel beim Fressen nur schlecht die Umgebung überwachen kann.

Bei manchen Vögeln ist der Drang zur Revierverteidigung sogar so ausgeprägt, dass der Balz wilde Kämpfe vorausgehen. Der männliche Vogel vertreibt das Weibchen zunächst, da er es nicht als solches erkennt, sondern für einen Eindringling hält.

Buntspecht, Rotkehlchen und Eisvogel, um nur einige zu nennen, sind ausgesprochene Einzelgänger, sodass man selten zwei erwachsene Vertreter einer solchen Art außerhalb der Brutsaison zusammen sieht.

Wie man schon erahnen kann, ist der Begriff „Revier" eine komplexe Angelegenheit. Obwohl man eigentlich sieben verschiedene Reviertypen gefunden hat, haben wir uns auf die wesentlichen beschränkt: das Brutrevier und das Nahrungsrevier. Die Größe des einen wie des anderen kann räumlich wie zeitlich mehr oder weniger stark variieren. Maßgeblich dafür sind zwei Parameter: die Populationsdichte und das Nahrungsangebot, wobei der erste Parameter vom zweiten abhängt. Wie man herausgefunden hat, nutzt die Verteidigung des Reviers dem Fortbestand der Art, da Neuankömmlinge gezwungen sind, neue Reviere zu erforschen. Das erhöht die Sicherheit der ursprünglichen Reviere und das Nahrungsangebot der Reviere insgesamt. Im Allgemeinen beziehen Jungvögel die Nachbarreviere oder ganz neue Gebiete. So erweitert die Art ihren Lebensraum und erschließt sich neue Ressourcen. Ebenfalls einen starken Einfluss auf die Ausdehnung der Reviere hat der Mensch, leider meist indem er Lebensräume zerstört. Dann wird die Art entweder durch Hunger dezimiert und ist gefährdet oder sie versucht, neue Lebensräume zu erobern. Wenn es auch einigen Arten – sogenannten Kulturfolgern – gelungen ist, sich dem Menschen anzupassen, so sind es doch nicht sehr viele. Viele Arten sind ganz einfach ausgestorben. Dabei kann der Mensch durchaus versuchen, ihnen zu helfen, indem er Schutzgebiete schafft, ihren Lebensraum schützt bzw. wiederherstellt und ihnen künstliche Nistmöglichkeiten anbietet.

Beim Aufhängen von Nistkästen müssen also die Eigenheiten und Lebensgewohnheiten jeder einzelnen Art berücksichtigt werden. So braucht z. B. der winzige Zaunkönig mindestens 1000 m^2 zum Leben, aber je nach Nahrungsangebot kann sich diese Fläche auch bis auf 1 ha (10 000 m^2) ausweiten.

Ebenso brauchen Stare, die, nachdem die Jungen flügge sind, sich oft zu riesigen Schwärmen vereinen, zum Nisten in einem Park 1 ha pro Paar. Umgekehrt sind Schwalben dafür bekannt, in manchmal dichten Kolonien zu nisten. So kann man getrost mehrere Kunstnester Seite an Seite anbringen. Das ist das sicherste Mittel, um diese Koloniebrüter anzulocken, insbesondere Mehlschwalben.

⊕ Wahl des Nistkastens

Am gebräuchlichsten sind briefkastenartige Nistkästen mit aufklappbarem Dach, sodass man sie nach der Brutsaison leicht reinigen kann. Je nach Abmessungen – hauptsächlich dem Durchmesser des Einschlupflochs – eignen sie sich für die meisten Vögel, die im Inneren ihr Nest bauen. Man kann sie selbst herstellen oder, wenn man kein Bastlertyp ist, im Handel käuflich erwerben. Auskunft und viele gute Ratschläge zu den ein-

Gewöhnlicher Nist-
kasten für Meisen

Da er gewohnt ist, in schmalen Spalten zu nisten (unter der Baumrinde), fühlt sich der Baumläufer in einem solch merkwürdigen Nistkasten zu Hause (beachten Sie das Einschlupfloch in der Seitenansicht).

zelnen Vogelarten, für die man Nistmöglichkeiten schaffen will, geben die örtlichen Vogel-
und Naturschutzverbände.

So oder so ist die Investition für einen Nistkasten überschaubar. Auch aus Holzscheiten
lassen sich ausgezeichnete Nistkästen herstellen. Der Vorteil ist, dass man rohes und vollkommen natürliches Material benutzen kann. Das
Scheit wird zunächst der Länge nach geviertelt
und entkernt. In eines der Viertel wird dann ein
rundes Loch gebohrt (entsprechend der Größe
des Vogels), ehe man die vier Teile wieder zusammensetzt. Schließlich bringt man oben und
unten ein Brett an, wobei das obere Brett beweglich bleiben muss. Ein Nistkasten muss dem
Vogelpaar und seiner Brut absolute Sicherheit
bieten, bis die Jungen das Nest verlassen. So-
lide Bauweise und hochwertiges, widerstands-
fähiges Material – vorzugsweise Holz – sind Pflicht.
Vergessen Sie Verbundmaterial wie Pressspan,
denn es quillt im Regen auf und platzt schließlich ab. Kostengünstiges Tannen-, Fichten- oder
Pappelholz dagegen erfüllt alle Anforderungen.
Lärche und Kastanie haben zwar den Vorteil,
nicht zu faulen, sind dafür aber teuer. Das Holz
darf auf keinen Fall mit Holzschutzmitteln be-
handelt werden, da man sonst die Gesundheit
der Vögel gefährden würde. Bestenfalls kann
man die Außenseiten zum Schutz vor Feuchtigkeit mit Leinöl und umweltfreundlicher Farbe
streichen.

Die Innenseiten des Nistkastens dürfen weder
geschliffen noch poliert werden, denn die Vögel
müssen leicht an den Wänden entlangklettern
können – sie sollen ja nicht zum Gefangenen ihres

WICHTIGE FRAGEN

Vor dem Aufhängen eines Nistkastens sollte man sich folgende Fragen stellen:

1 - Brauchen die Vögel überhaupt einen Nistkasten?

2 - Welche Art braucht welchen Nistkasten?

3 - Wie viele Nistkästen sollte man wo aufhängen?

eigenen Nistkastens werden. Schließlich muss noch auf einen ausreichenden Abstand zwischen Einschlupfloch und Boden geachtet werden, damit die Brut nicht einer Katzenpfote zum Opfer fallen kann.

Egal ob herkömmlich oder aus einem Holzscheit gefertigt – ein Nistkasten wird nicht zusammengenagelt, sondern mit vorzugsweise nicht rostenden Holzschrauben verschraubt. Die Schraubenköpfe sollten mit einem Tropfen Lebensmittelparaffin geschützt werden.

⊕ Wahl des Standorts

Vor dem Anbringen des Nistkastens muss der richtige Platz gefunden werden, an dem man ihn sicher befestigen kann und der Schutz vor Räubern (Katzen, Ratten usw.) bietet. Er muss so hoch hängen, dass sich auch Erwachsene problemlos unter dem Kasten bewegen können. Etwa 1,50 m unter dem Nistkasten kann man am Stamm einen Ring aus rostfreiem oder verzinktem Draht mit langen, nach unten gerichteten Stacheln befestigen. Das sollte jede Katze daran hindern, sich mit bösen Absichten auf Klettertour zu begeben. Der Nistkasten wird senkrecht angebracht, aber mit einer leichten Neigung nach vorne, um das Einschlupfloch vor Regen und Wind zu schützen.

Der Nistkasten darf auch nicht direkt der Sonne ausgesetzt sein – also nicht genau nach Süden ausgerichtet –, sonst steigt die Temperatur in seinem Inneren zu hoch an. Er darf aber ebenso wenig dauernd im Schatten liegen, denn auch Feuchtigkeit ist schädlich. Und er darf natürlich nicht in der Hauptwindrichtung liegen.

NAHRUNG FÜR DIE VÖGEL

Menschen, die Vögel füttern wollen, haben meist viel guten Willen, aber wenig Ahnung vom Leben in der Natur. Erst einmal muss man wissen, dass Vögel uns eigentlich nicht brauchen, um Nahrung zu finden. Wie andere Lebewesen auch können sie ganz gut für sich selbst sorgen.

Die Vögel im Winter bei Schnee zu füttern ist verständlich. Wenn man Früchte oder Körner auf den Boden streut, lockt man viele Vögel an. Ist der Schnee geschmolzen, sollte man die Fütterung aber sofort einstellen. Wenn Sie das Leben unserer gefiederten Gäste schützen wollen, lassen Sie der Natur ihren Lauf!

In der Natur ist der tägliche Kampf ums Überleben nämlich unabhängig von den jeweiligen klimatischen Bedingungen ein wesentlicher Bestandteil des Daseins. Dieser Kampf besteht in der Fortpflanzung und natürlich der Nahrungssuche. In strengen Wintern mit über längere Zeit schneebedecktem Boden fordern Hunger und Kälte zahllose Opfer unter den Standvögeln. Zuerst sterben die Kranken, die Schwächsten, also diejenigen, die am wenigsten für ihr Überleben sorgen können. Übrig bleiben die Robustesten, die Anpassungsfähigsten, die Stärksten. Sie zeugen dann gesunde, starke, lebensfähige Nachkommen, die ihrerseits wieder für robusten Nachwuchs sorgen können. So kann sich innerhalb weniger Jahre eine Art auf natürliche Weise regenerieren, sofern der Mensch nicht auf die eine oder andere Art und Weise in diesen Zyklus eingreift. Mit anderen Worten: Wenn man systematisch die Vögel in seinem Garten füttert, vor allem in Zeiten, wo sie das gar nicht brauchen, erreicht man das Gegenteil von dem, was man eigentlich möchte: Statt den Vögeln in ihrem Überlebenskampf zu helfen, schwächt man sie.

Vögel gehen wie die meisten Lebewesen den Weg des geringsten Widerstands, d. h. sie gewöhnen sich rasch daran, an einem reich gedeckten

Tisch zu fressen statt selbst nach Futter zu suchen. So sichern wir auch den Schwachen das Überleben, die dann ihre Schwäche an ihren Nachwuchs weitergeben können. Ohne es zu wollen, tragen wir dazu bei, eine Art oder zumindest ihre örtlichen Vertreter zu schwächen. Die meiste Zeit des Jahres sollten wir also lieber die Natur für sich selbst sorgen lassen.

Zahlreiche Vögel, überwiegend Insektenfresser, ziehen es vor, die schlechte Jahreszeit in sonnigeren Gefilden zu verbringen. Im Grunde ist es die Suche nach Nahrung, die zu bestimmten Zeiten des Jahres in bestimmten Regionen knapp wird, die den Vogelzug auslöst (neben anderen, komplexeren Faktoren). Unterwegs kommen viele Vögel zu Tode – weil sie zu jung oder zu alt oder krank sind.

Diejenigen, die die besten Voraussetzungen haben, um diese Herausforderung durchzuste-

VERSCHIEDENE FUTTERHÄUSCHEN

Überdachtes Futterhaus

Futterplattform

FÜTTERN ODER NICHT FÜTTERN?

Zunächst einmal: Ein gut angelegter, gut bepflanzter Garten liefert selbst die notwendige Nahrung für die Vögel. Wild lebende Vögel dürfen im Frühjahr, Sommer und Herbst also auf gar keinen Fall gefüttert werden.

In einer Ecke des Gemüsegartens kann man jedoch kleine Bereiche für den Anbau von Körnerpflanzen für die Vögel vorsehen: Winterweizen, Sonnenblumen oder auch Mais. Alle sollten natürlich ohne Dünger und Pestizide angebaut werden.

Füttern Sie nur, wenn Schnee liegt oder es sehr kalt ist. Stellen Sie das Füttern ein, sobald der Schnee geschmolzen ist. Dagegen kann man den Vögeln ganzjährig, vor allem aber natürlich im Sommer, Wasser zum Trinken und Baden anbieten. Ein kleiner Tümpel an einem ruhigen Platz im Garten ist sehr willkommen.

hen, überleben und haben beste Aussichten, Nachwuchs zu zeugen, der in der Lage ist, das Fortbestehen der Art zu sichern.

Für den Laien oder den Wohlmeinenden mag diese Sichtweise lieblos erscheinen. Dies liegt jedoch nur daran, dass wir die Natur von unserem Standpunkt aus wahrnehmen und wenig vom Leben in der Natur wissen.

Aber die Vogelliebhaber dürfen ihre Schützlinge gerne füttern, wenn der Winter besonders hart ist und vor allem wenn über längere Zeit Schnee liegt. Denn im Schnee finden die Vögel

Der im Winter in Scharen einfliegende Bergfink gesellt sich zu den heimischen Finken, die den Garten bevölkern. Hier ein Männchen im fast perfekten Brutkleid.

Dieses Rotkehlchen hat seine eigene Art der Wärmeregulierung: Es plustert sich auf, um warm zu bleiben.

kaum Futter. Dann ist es sinnvoll, Futterhäuschen mit verschiedenen Körnern anzubringen und ein paar Meisenknödel aufzuhängen, die nicht nur den Meisen schmecken, sondern vor allem auch Buch- und Bergfink oder Rotkehlchen. Die Fütterung muss aber eingestellt oder zumindest in Häufigkeit und Menge reduziert werden, sobald der Schnee schmilzt.

Da Vögel auch trinken müssen, ist es gut, bei Frost Vogeltränken mit lauwarmem Wasser bereitzustellen. Dies muss häufig erneuert werden, damit es nicht einfriert.

VÖGEL
SCHÜTZEN

INDIVIDUELLER SCHUTZ

Wie wir gerade gesehen haben, beginnt der Vogelschutz im eigenen Garten damit, die Vögel nicht zu jeder beliebigen Zeit zu füttern.

Dies könnte man als passiven Schutz bezeichnen. Einen aktiven Schutz leistet man, wenn man geeignete Sträucher pflanzt, und mehr noch, wenn man Katzen fernhält. Davon abgesehen fügt eine Katze, die ein Vogelnest findet, der Natur keinen großen Schaden zu, denn es gibt unzählige andere, die sie nicht findet, weil sie besser versteckt und von aufmerksamen Altvögeln unzugänglich gemacht worden sind. Auch vor den Blicken anderer Menschen sollte man ein Nest schützen. Genauso wichtig ist es, die Vögel beim Brüten in Ruhe zu lassen, d. h. sie nicht durch fortwährendes Beobachten zu stören. Beim aktiven Schutz ist weniger oft mehr: Zu viel guter Wille lenkt oft von dem ab, was wirklich nötig ist. Als Belohnung für ein bisschen Zurückhaltung winkt

Meisen lieben – wie viele andere Singvögel – die Winterfütterung. Wenn man für kerngesunde, robuste Vögel sorgen will, darf man aber nicht vergessen, dass diese Fütterung nur dann sinnvoll ist, wenn über längere Zeit Schnee liegt.

ein Garten voller Vögel, die dort sicher brüten können.

Wenn Sie Ihren Garten zum Vogelparadies machen wollen, sollten Sie sich direkt an den Vogelschutzbund wenden: Hier erhalten Sie nützliche Unterlagen und wertvolle Ratschläge. Wer einen naturnahen Garten oder ein eigenes Schutzgebiet anlegen will, findet auch Hilfe beim Naturschutzbund Deutschland (Nabu, siehe „Adressen", S. 210)

Einen Beitrag, „seine" Vögel zu schützen, leistet man auch, wenn man sich nicht mit den örtlichen Jägern anlegt. Naturschutz ist in erster Linie eine Sache des Wissens und des richtigen Verhaltens vor Ort, aber auch der Überzeugungsfähigkeit und der Bescheidenheit. Nur dann sind offene Diskussion und Meinungsaustausch möglich. Mit Taktgefühl, Wissen, Politik und Toleranz dient man dem Schutz der Vögel mehr als mit unsensibler Konfrontation.

RECHTLICHER SCHUTZ

Natürlich sind die Grenzen unseres Gartens etwas Künstliches, denn die Vögel kennen keine anderen Grenzen als die der Klimazonen oder der Nahrungsgründe und kümmern sich nicht um unsere Streitigkeiten, solange sie nicht darunter zu leiden haben. Deshalb wollen wir unseren Blick nun auf das internationale Recht zum Vogelschutz richten.

Seit den Anfängen mit der 1902 in Paris unterzeichneten Internationalen Übereinkunft zum Schutz der für die Landwirtschaft nützlichen Vögel (die meisten Singvögel, die Spechte und die Nachtgreifvögel bis auf den Uhu) hat der allgemeine Naturschutz große Fortschritte gemacht. Allerdings genießen erst seit 1977 nach einer Novelle des Bundesjagdgesetzes alle Greifvögel ganzjährig Schonzeit. Sie unterliegen aber nach wie vor dem Jagdrecht, gleichzeitig aber auch dem Naturschutzrecht.

– 1971: **Ramsar-Konvention.** Sie dient dem Schutz von Lebensräumen und Habitaten der Wasservögel. Dieses sehr wichtige Abkommen verpflichtet die Unterzeichnerstaaten dazu, eine gewisse Anzahl von international bedeutsamen Feuchtgebieten auf ihrem Territorium unter Schutz zu stellen. Deutschland ist seit 1976 Mitglied.

– 1973: **Washingtoner Artenschutzabkommen.** Es umfasst eine Reihe von Texten von entscheidender Bedeutung, die den Handel mit frei lebenden Tieren und Pflanzen regeln. Durch diese Übereinkunft werden gefährdete Arten weltweit streng geschützt. Deutschland ratifizierte das Abkommen 1976.

– 1979: **Bonner Konvention.** Sie vereint unter ihrem Dach viele wichtige sogenannte Regionalabkommen und soll die Erhaltung der wandernden wild lebenden Tierarten sicherstellen, also nicht nur der Vögel.

– 1979: **Berner Konvention**. Sie sieht nicht nur die weltweite Erhaltung der wild lebenden Pflanzen und Tiere vor, sondern auch den Schutz ihrer natürlichen Lebensräume. Deutschland trat der Konvention 1985 bei.

– 1979: **EU-Vogelschutzrichtlinie.** Diese 1979 in Kraft getretene Richtlinie, die von den Mitgliedstaaten bis 1981 umzusetzen war, stellt eine Liste

der meistgefährdeten Arten auf und fordert die Mitgliedstaaten auf, Maßnahmen zum Schutz ihrer Lebensräume zu ergreifen, um ihr Überleben sicherzustellen, sowie Besondere Schutzgebiete (BSG, bekannter als SPAs = Special Protection Areas) einzurichten. Die Richtlinie legt ebenfalls die bejagbaren Arten und die Zeiten für Beginn und Ende der Jagdsaison fest.

– 1992: **Flora-Fauna-Habitat-Richtlinie der EU.** Sie ergänzt die vorgenannte Richtlinie, indem sie sich um die Erhaltung der natürlichen Lebensräume bemüht.

– 1995: **Abkommen zur Erhaltung der afrikanisch-eurasischen wandernden Wasservögel (AEWA).** Die Unterzeichnerstaaten verpflichten sich, wandernde Wasservögel in einer günstigen Populationsdichte zu erhalten oder wieder in eine solche zu bringen. Sie verpflichten sich ferner, eine etwaige Nutzung wohlausgewogen und nachhaltig zu gestalten. Die Vögel sollen sowohl in ihren Brutgebieten als auch in ihren Winterquartieren und an ihren Zwischenstationen natürliche Biotope vorfinden, die ihrer Fortpflanzung und ihrem Überleben zuträglich sind.

DIE HAUPTROUTEN DES VOGELZUGS

UND DIE BESTEN BEOBACHTUNGS- GEBIETE

Wer möglichst viele Vögel gleichzeitig beobachten will, muss sich an ihre Wanderrouten begeben, wo er von Mitte August bis Ende Oktober den Abzug und von Ende Februar, Anfang März bis Mitte Mai die Ankunft der Zugvögel beobachten kann. Zu diesen Zeiten ist der Vogelzug bei den meisten Arten am stärksten. Aber eigentlich gibt es den ganzen Winter über an den Küsten entlang Flugbewegungen. Außerdem beginnen die ersten nordischen Zugvögel schon zum Ende des Frühjahrs oder Anfang des Sommers ihre Reise in den Süden. So haben die meisten Watvögel, die man im Juli rund um Wasserflächen, an Küsten und Flussläufen beobachten kann, ihre Brutzeit in der arktischen Tundra schon hinter sich und begeben sich nun in kurzen Etappen in ihre Winterquartiere. Oft sind es Altvögel, die schon abgeflogen sind, bevor die Jungvögel die nötige Ausdauer für den Vogelzug hatten. Diese folgen dann im August. Die große Frage für den Vogelbeobachter ist, wo sich diese Wanderrouten befinden.

Weltweite Hauptrouten für den Zug der Vögel über Land

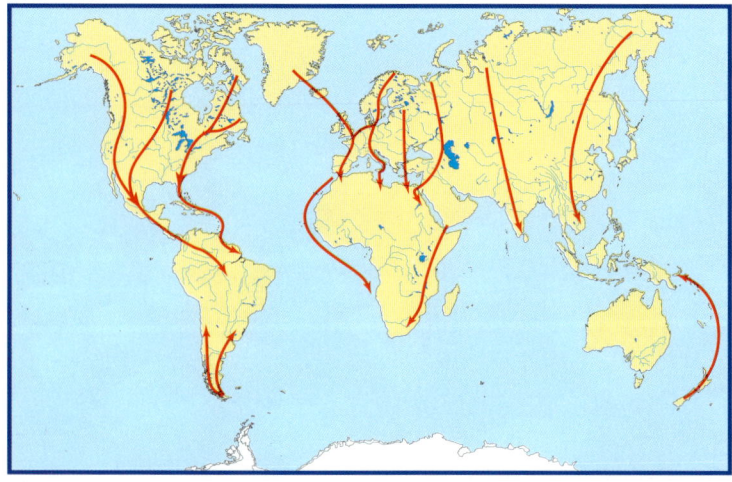

ILLEGALE VOGELJAGD AUF MALTA

Vögel, die über diese schöne Insel vor der Ostküste Tunesiens fliegen, sehen sich einer außergewöhnlichen Gefahr gegenüber. Zwar müssen seit Jahresanfang 2009 auch auf Malta alle Jagdzeiten im Einklang mit der EU-Vogelschutzrichtlinie stehen, doch der illegalen Jagd konnten die Behörden bislang nicht Einhalt gebieten. Der Kugelhagel der Schrotflinten richtet sich nach wie vor gegen alles, was Federn trägt. Für Tausende von Singvögeln endet die Reise aus dem Süden in ihre Brutgebiete außerdem nach wie vor in den Netzen illegaler Vogelfänger. Ein Vogel, der sich dort zum Rasten oder zur Nahrungssuche niederlässt, hat eine Chance von 1:1000, lebendig davonzukommen.

Nach dem EU-Beitritt im Jahr 2004, für den rein wirtschaftliche Erwägungen sprachen, hat die maltesische Regierung die schwere Aufgabe, einerseits die internationalen Vogelschutzbestimmungen umzusetzen und andererseits die Mentalität der Einheimischen, für die die Vogeljagd seit langer Zeit ein Volkssport ist, rasch zu verändern.

Ein vom NABU mit Spenden finanziertes Frühjahrs-Camp soll helfen, die rastenden Zugvögel auf Malta vor den Gewehren von mehr als 15 000 Jägern und 4500 Fallenstellern zu schützen. Zusammen mit den örtlichen Vogelschützern von BirdLife Malta beobachten die Naturschützer den Vogelzug und dokumentieren Verstöße gegen den Vogelschutz.

WANDERROUTEN IN EUROPA

Zwischen Europa und Afrika liegt das Mittelmeer, eine schier unüberwindliche Barriere für die meisten Vogelarten. Auf der anderen Seite können die gefiederten Wanderer das *Mare nostrum* der Römer leicht umgehen: Dafür bieten sich den Zugvögeln zwei ganz natürliche Routen an: über Gibraltar im Westen und den Bosporus im Osten. Und genau an diesen beiden Meerengen finden sich in der Tat die allermeisten Vögel auf ihrem Weg nach Afrika ein.

Die Küstenseeschwalbe zieht von einer Hemisphäre zur anderen und kann im Jahr 36 000 km zurücklegen (Hin- und Rückflug).

Diejenigen Vögel, die aus Nord- und Westeuropa kommen, ziehen auf der westlichen Route über Gibraltar nach Westafrika, in die Subsahara und das südliche Afrika. Diesen Weg nehmen auch die Vögel aus Grönland und Island, wie z. B. der Steinschmätzer (obwohl die meisten Vögel aus dem Norden auf den Britischen Inseln bleiben, wie z. B. die grönländische Unterart der Blessgans). Vögel aus Osteuropa oder Sibirien nehmen dagegen die Route über den Bosporus, überfliegen die Türkei, folgen den Küsten des Nahen Ostens und gelangen über Suez und den Norden des Roten Meeres nach Afrika. Nun müssen sie nur noch Kurs nach Süden nehmen, um das südliche Afrika zu erreichen.

Im Übrigen zeigt ein Blick auf die Karte, dass das Mittelmeer auch in seinem mittleren Teil nicht unüberwindlich ist. Man folgt der italienischen Küste, und von Sizilien ist es dann nur noch ein Katzensprung nach Malta und von da zur nordafrikanischen Küste Libyens.

Diese Strecke nehmen die Vögel, die aus Nordskandinavien über die baltischen Küsten und Mitteleuropa kommen. Eine weitere Binnenroute bringt die Vögel aus Westrussland über das griechische Festland und Kreta im Dauerflug bis an die Küsten Ägyptens. Von dort folgen sie dem Lauf des Nils, überfliegen den Sudan, das Gebiet der Großen Seen Ostafrikas, um schließlich Südafrika zu erreichen. Einige driften manchmal nach Osten ab und gelangen über die Komoren und Mayotte nach Madagaskar. So kann man dort gelegentlich eine Rauchschwalbe oder einen Mauersegler beobachten.

Zeichenerklärung:

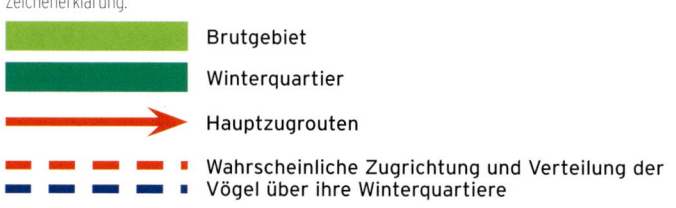

Brutgebiet

Winterquartier

Hauptzugrouten

Wahrscheinliche Zugrichtung und Verteilung der Vögel über ihre Winterquartiere

⊙→ **Zugrouten über Land**

Steinschmätzer

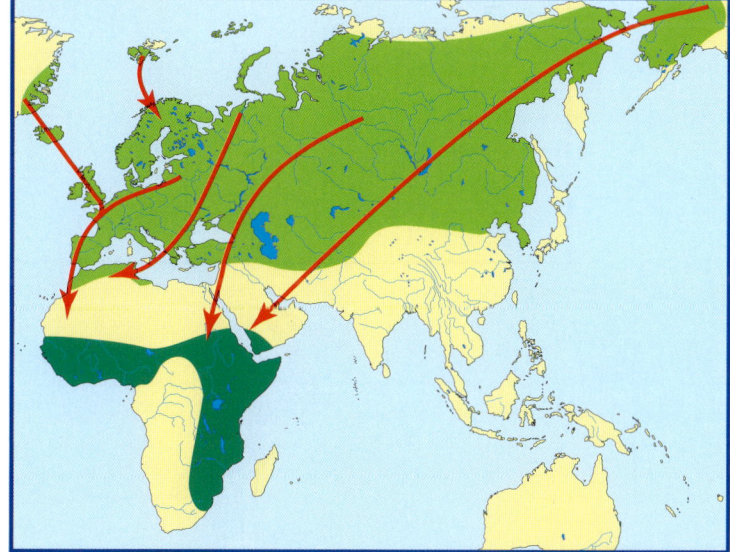

Weißstorch (rote Pfeile)
Europäische Greifvögel (blaue Pfeile)

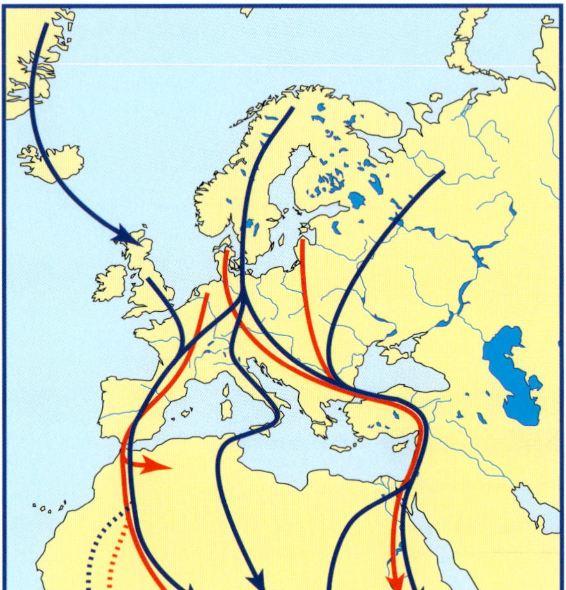

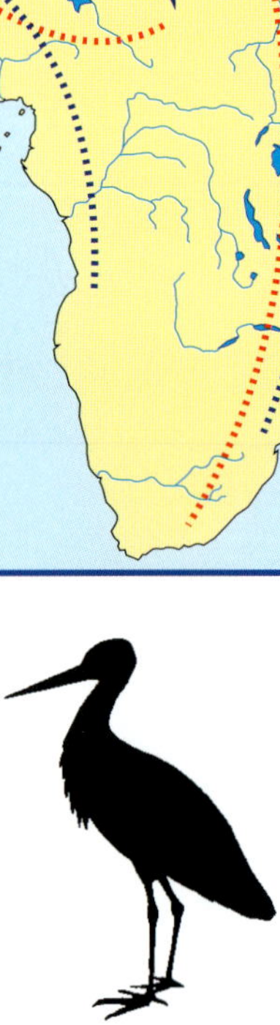

Neuntöter

In Dunkelgrün: die Route für den Rückflug

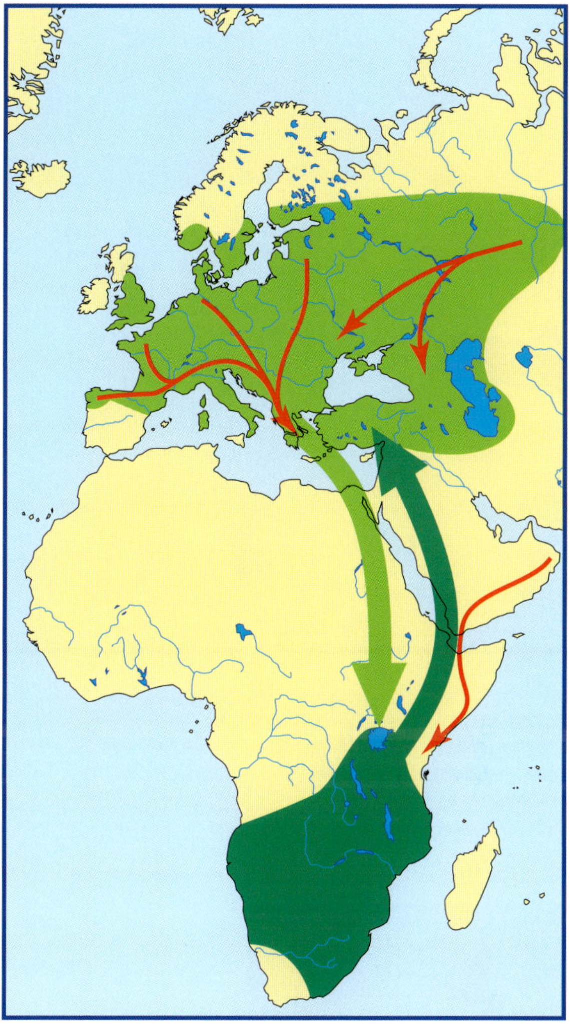

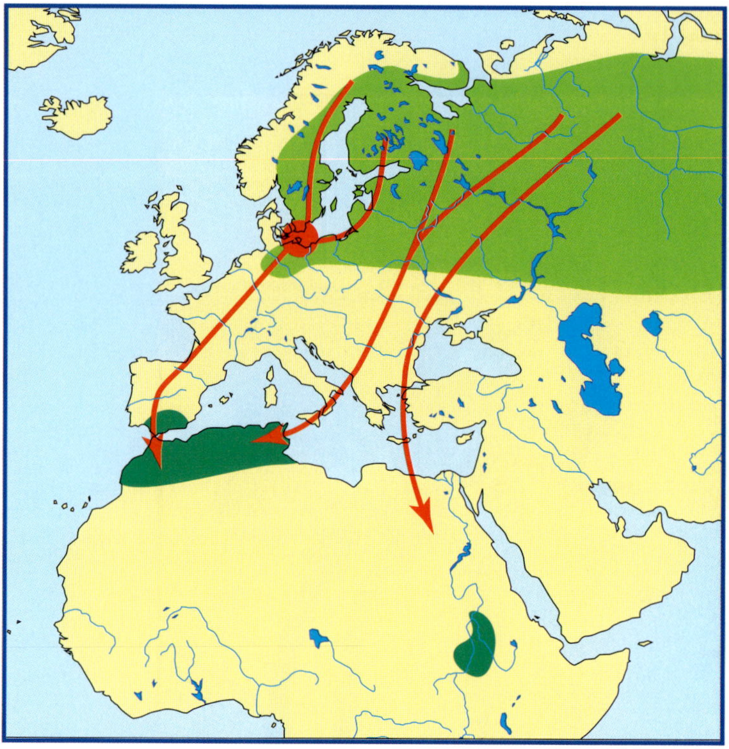

Kranich

Kraniche überfliegen Frankreich von Nordosten nach Südwesten in einem Korridor von etwa 100 km Breite. Der rote Punkt bezeichnet den Ort, wo sich diese nordischen Zugvögel vor dem großen Flug sammeln (Insel Rügen). Seit den 1980er-Jahren überwintern auch einige hundert Exemplare in der Champagne (Nordfrankreich).

Europäische Watvögel

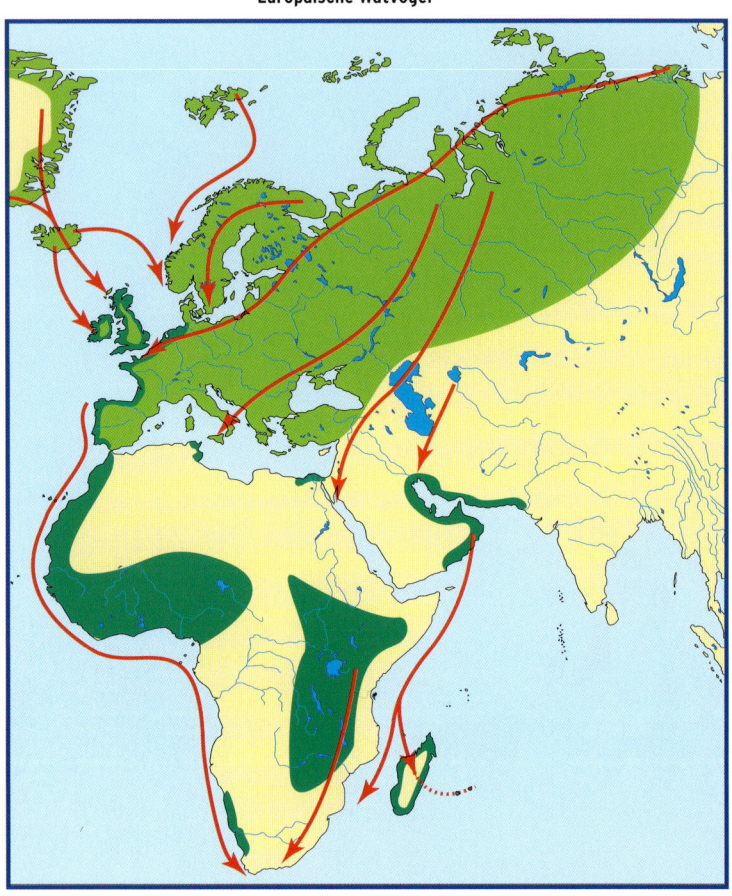

Watvögel aus Europa sind im Winter überall auf der Welt zu beobachten, vor allem aber auf tropischen Inseln. So sieht man den Steinwälzer, den Regenbrachvogel und den Flussuferläufer praktisch das ganze Jahr über auf Madagaskar und den Komoren. Sehr oft sind es Jungvögel, die länger dort bleiben, bevor sie sich auf ihren ersten Rückflug machen. Die europäische Atlantikküste ist dagegen jedes Jahr das Ziel amerikanischer Watvögel, die über Grönland und Island kommen.

Küstenseeschwalbe (siehe S. 186)

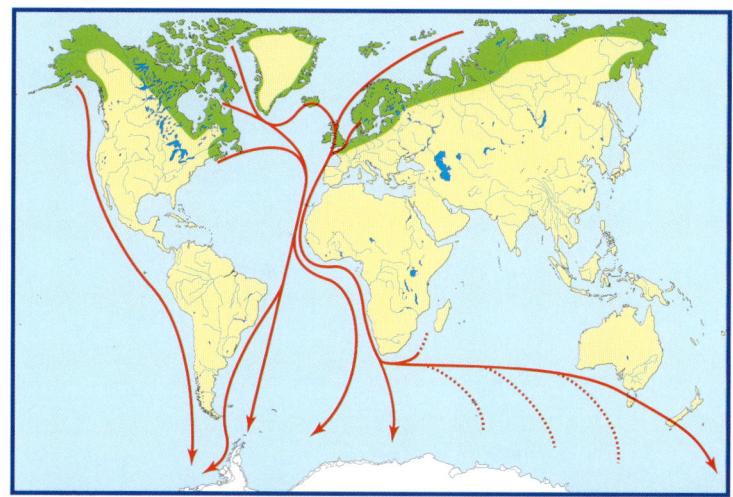

Kurzschwanz-Sturmtaucher

Juli/September

Juni

September

Mai

Oktober

April

November
März

(Nach Marshall und Serventy in: Dorst, J. 1962)

Bei seiner Wanderung rund um den Pazifik nutzt der Kurzschwanz-Sturmtaucher die Kraft der vorherrschenden Winde (blaue Pfeile).

Borstenbrachvogel

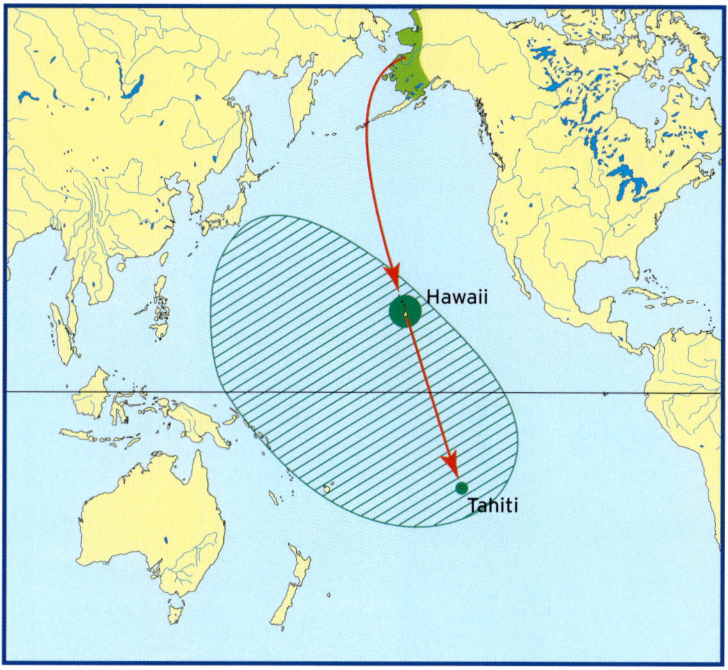

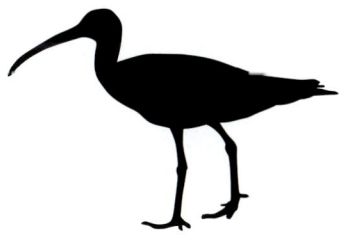

Dieser Vogel brütet in Alaska nahe der Mündung des Yukon River und überwintert auf Hawaii oder Tahiti. Offenbar ist er dort zuerst bestimmt worden, was ihm seinen wissenschaftlichen Namen *Numenius tahitiensis* eingetragen hat. Auch auf Französisch wird er gelegentlich als „courlis de Tahiti" bezeichnet. Die schraffierte Zone ist sein allgemeines winterliches Verbreitungsgebiet.

Einige gute Beobachtungs-gebiete

⟳ **In Deutschland, Österreich und der Schweiz (eine Auswahl)**

Deutschland

Nationalpark Unteres Odertal

Müritz-Nationalpark

Greifswalder Bodden

Nationalpark Vorpommersche
  Boddenlandschaft

Holsteinische Seenplatte

Ostseeküste von Schleswig-
  Holstein

Nationalpark Schleswig-
  Holsteinisches Wattenmeer

Helgoland

Nationalpark Hamburgisches
  Wattenmeer

Nationalpark Niedersächsisches
  Wattenmeer

Dollart

Steinhuder Meer

Nationalpark Sächsische Schweiz

Oberrhein

Nationalpark Bayerischer Wald

Altmühlsee

Nationalpark Berchtesgaden

Bodensee

Österreich

Innstauseen

Karwendel

Hohe Tauern

Donau-March-Thaya-Auen

Neusiedler See mit Seewinkel

Schweiz

Lago Maggiore

Genfer See

Neuenburgersee

Bodensee

Hochebene in der Auvergne: Le Cézallier

⊙ **In Europa und Afrika**

Spitzbergen

Färöer-Inseln

Shetland-Inseln

Hebriden →

Kap Clear

Wattenmeer (Friesische Inseln)

Danziger Bucht

Donaudelta

Wolgadelta

Bretoletpass

Bosporus

Gibraltar

Guadalquivir-Delta →

Kap Bon

Straße von Messina

Malta

Negev-Plateau

Elat

Banc d'Arguin

Parc du Djoudj

Binnendelta des Niger

Tschadsee

Kapverdische Inseln

São Tomé →

Komoren und Mayotte

Madagaskar

Im Allgemeinen sind alle Kaps, alle Flüsse und ihre Mündungen und Deltas interessante Beobachtungsgebiete. Im Übrigen ist es sinnvoll, dorthin zu gehen, wo die anderen Beobachter nicht sind. Dort macht man oft die besten Entdeckungen.

Ebenso sind die meisten Hochsee-Inseln und die den Küsten vorgelagerten Inseln ideale Orte, denn sie dienen den Zugvögeln als Zwischenstationen und Rastplätze.

VÖGEL ERFORSCHEN

⊕ Vögel beobachten

Die einfachste und unmittelbarste Forschungsmethode bleibt das Beobachten der Vögel mit Fernglas im Gelände und das Zählen ihrer Flüge, genauso wie auch das Zählen der Entenvögel auf Wasserflächen mithilfe eines Teleskops. Diese uralte Methode besteht einfach darin, dort, wo viele Vögel vorüberkommen, alles, was durch ein bestimmtes, immer gleiches Sichtfeld kommt, zu bestimmen und zu zählen. Dieser Vorgang wird den ganzen Tag über kontinuierlich wiederholt: alle halbe Stunde bei normalem, alle 10 Minuten bei intensivem Vogelzug. Die Ergebnisse werden sorgfältig in einem Notizbuch vermerkt oder auf ein Diktiergerät gesprochen. Das kann man alleine machen, aber besser ist es, mit einem gleich guten Beobachter zusammenzuarbeiten. Dann kann einer beobachten, bestimmen und zählen, während der andere das Ganze aufschreibt. Außerdem kann man durch regelmäßigen Rollentausch der Langeweile vorbeugen. Eine Variante besteht darin, sich nur für eine Art zu interessieren und die anderen Zugvögel zu ignorieren. Diese Methode hat den Vorteil, eine präzisere Zählung zu ermöglichen. Dafür ist sie aber sehr selektiv. Besonders interessant ist sie, wenn mehrere Teams gebildet werden können, die sich jeweils um eine einzige Art kümmern. Die

Große Schilfgebiete sind ausgezeichnete Rastplätze für die kleinen Singvögel. Daher müssen die Vogelberinger dort nur noch ihre Netze aufspannen.

einzigen Voraussetzungen sind ein gutes Verständnis zwischen den Teams und Disziplin.

Leider muss man die Beobachtungen bei Einbruch der Nacht beenden und kann sie erst bei Tagesanbruch wieder aufnehmen. Obwohl aber sehr viele Vögel nachts ziehen, ergeben solche Aktionen quantitativ wie qualitativ gute Hinweise über die Flugbewegungen an einem bestimmten Ort. Außerdem können sie praktisch überall durchgeführt werden, insbesondere an Flüssen, auf Pässen, in Tälern, an Küsten, ja selbst in freier Landschaft, sofern es nur einen nennenswerten Vogelzug gibt.

Die Beringungszange weist zwischen den Backen Löcher mit dem Durchmesser der zu schließenden Ringe auf. So wird der Ring beim Schließen der Zange nicht zerdrückt und das Vogelbein nimmt keinen Schaden.

⊙ Das Beringen der Vögel und andere Forschungsmethoden

Selbst wenn noch so viele Teams die Vögel beobachten, bekommt man auf diese Weise keinen Aufschluss über die Ziele der Zugvögel. Dafür ist das Beringen der Vögel notwendig, d. h. das Anbringen eines Aluminiumrings am Lauf des Vogels. In den Ring eingraviert sind Herkunftsland, Kurzadresse der Beringungsorganisation, Ringart und eine Ordnungsnummer. Die Vögel werden mithilfe von an strategisch günstigen Orten aufgespannten Netzen gefangen. Die Netze werden natürlich häufig „geleert", um den Vögeln eine zu lange Gefangenschaft zu ersparen.

Für den Umgang mit einem kleinen Singvogel wie diesem Schilfrohrsänger (Acrocephalus schoenobaenus) braucht man eine sehr ruhige Hand und ganz viel Sorgfalt. Man beachte den gelblich-weißen Überaugenstreif.

Partieller Albinismus ist bei Amseln, vor allem bei Stadtbewohnern, durchaus häufig. Aber eine ganz weiße Amsel ist doch sehr selten.

Der Ring wird angebracht, der Vogel gewogen, die Flügel und bei bestimmten Arten auch Lauf und Schnabel vermessen sowie die Fettvorräte geschätzt. All diese Daten werden festgehalten und in Karteien eingetragen. So konnte um 1965 eine Singdrossel, die in der Vogelwarte von Orléans (Frankreich) beringt worden war, nur einen Monat später an den Ufern des Baikalsees wieder aufgefunden werden. Sie hatte mindestens 6700 km zurückgelegt!

DIE HELGOLAND-FALLE

Diese auf Helgoland entwickelte Falle ist ein geniales System von Netzen, trichterförmigen Gittern und Öffnungen, die in einen Fangkasten münden, der dann automatisch verschlossen wird. Die Vögel werden mithilfe von Futter angelockt und von den Beobachtern vorsichtig in den Trichter getrieben. Von dort werden sie in einen Käfig oder Fangkasten gelenkt, der per Fernbedienung geschlossen wird. Nun kann man den Vogel leicht greifen, messen und beringen. Diese Methode bedeutet für den Vogel deutlich weniger Stress als das Fangen mit einem Netz. Dort versucht er verzweifelt, sich loszureißen, und muss erdulden, dass eine menschliche Hand ihn aus den Maschen befreit. Im Halbdunkel des Fangkastens dagegen beruhigt er sich schnell wieder, zumal er bis hier keinem allzu großen Stress ausgesetzt war.

Zu beachten ist allerdings, dass für solche Fallen viel Platz erforderlich ist. Die weltweit größten Helgoland-Fallen hat die Vogelwarte Rybatchy (ehemals Rossitten) an der Danziger Bucht aufgestellt. Dort werden jährlich Tausende von Singvögeln beringt.

Aber man muss zugeben, dass damals ein wenig übertrieben wurde. Man beringte alles, was flog und sich in Netzen, Helgoland-Fallen oder Reusen für Watvögel verfing. Es waren die Anfänge der wissenschaftlichen Vogelerforschung und es gab noch keine nationalen oder internationalen Programme im großen Maßstab. Damals war es leicht, Vogelberinger zu werden: Man musste nur bei ein paar Kursen sein Können zeigen, und schon erhielt man seine Lizenz und seine Ausrüstung. Inzwischen hat man sich bemüht, die eine oder andere Art im Rahmen eines internationalen Forschungsprogramms zu erforschen. So hat zwar die Gesamtzahl der Beringer und der beringten Vögel abgenommen, aber die erzielten Ergebnisse sind seriöser und hochwertiger geworden.

Heute werden mehr und mehr auch farbige Markierungen verwendet, um große Vögel auf Sicht verfolgen zu können. So werden z. B. Möwen mit deutlich sichtbaren Farben markiert, meist auf einem Flügel oder dem Bauch. Natürlich sind die Farben ungiftig und verschwinden mit der Zeit und vor allem durch die Mauser von selbst. Ebenso wer-

Das Blaukehlchen (Luscinia svecica) brütet in Mitteleuropa sehr selten. Das Beringen ist eine gute Gelegenheit, es zu beobachten. Auffällig sind die arttypischen rostroten Sprenkel auf dem Schwanz.

den große Zugvögel, die an neuralgischen Punkten vorbeikommen und leicht zu beobachten sind, mit farbigen Kunststoffringen am Flügel markiert.

Die Farbe ist von Weitem sichtbar und die Angaben auf dem Ring können aus der Nähe abgelesen werden. Mit einem solchen „Kennzeichen" werden Greifvögel, Kraniche, Störche und Gänse versehen.

Auch die Funkortung ist eine wirkungsvolle Methode. Dabei wird an eingefangenen Vögeln ein leichter Sender befestigt, der sie nicht behindert. VHF-Sender eignen sich wegen ihrer begrenzten Reichweite nur für Kurzstreckenzieher; die Langstreckenzieher bekommen einen sogenannten satellitengestützten Argos-Sender. Diese kostspieligen Methoden werden aber nur für strategisch wichtige, d. h. gefährdete Arten angewendet. Bei diesen Methoden stellt auch die Nacht kein Problem mehr dar: Die Vögel werden 24 Stunden täglich verfolgt. Das Argos-System wird übrigens auch genutzt, um die Bewegungen großer Meerestiere zu verfolgen, z. B. von großen Fischen, die wirtschaftlich von Bedeutung sind oder über die man kaum Daten hat (Haie), sowie die Wanderungen von Schildkröten, Walen und Delfinen.

Schließlich leistet auch Radar wertvolle Dienste und liefert Informationen in Echtzeit über die Intensität des nächtlichen Vogelzugs, die Fluggeschwindigkeit und -richtung sowie die Veränderungen, die dabei eintreten.

Natürlich sind solche Hilfsmittel dem einfachen Vogelliebhaber nicht zugänglich. Er muss sich damit begnügen, mit Fernglas und Teleskop zu beobachten und zu zählen, aber auch seine Daten sind immens wichtig, um das Wissen über Vögel voranzubringen. Ohne das massive und selbstlose Engagement von Vogelliebhabern würden auch regionale Atlanten über in Deutschland brütende und überwinternde Vögel nie zustande kommen. Der erste Brutvogelatlas für ganz Deutschland wird im Jahr 2010 erscheinen. Er entsteht unter der Mithilfe von mehr als 3000 ehrenamtlichen Mitarbeitern.

BIOGEOGRAFISCHE REGIONEN

— Die biogeografische Region, in der ein Vogel brütet, bestimmt seine zoogeografische Einordnung.

— Die gemeinhin als „äthiopisch" oder noch öfter als „tropisch-afrikanisch" bezeichnete Region haben wir „afrikanisch-malagassisch" genannt, um die Zugehörigkeit Madagaskars deutlich zu machen. Die Wissenschaft möge uns diese kleine Eigenwilligkeit verzeihen.

— Die paläarktische und die nearktische Region bilden zusammen die holarktische Region, die im Wesentlichen zirkumpolar ist.

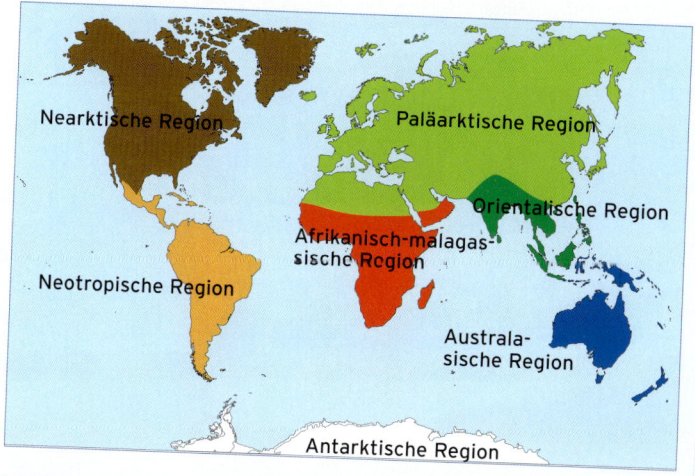

Nearktische Region

Paläarktische Region

Orientalische Region

Afrikanisch-malagassische Region

Neotropische Region

Australasische Region

Antarktische Region

VÖGEL
IN IHREM
LEBENSRAUM

WÄLDER

In Europa kennen wir heute im Wesentlichen vier verschiedene Waldtypen: Im borealen Nadelwald, auch Taiga genannt, dominieren, wie der Name schon sagt, Nadelhölzer. Im Mischwald, wie wir ihn in unseren Bergen finden, wechseln sich Nadel- und Laubhölzer ab. Den winterkahlen Laubwald finden wir in der gemäßigten Zone und den immergrünen Hartlaubwald z. B. am Mittelmeer. Der boreale Nadelwald erstreckt sich über den ganzen Norden Amerikas und Eurasiens und ist damit das bei Weitem ausgedehnteste Waldgebiet der Erde. Er umfasst ein Drittel der Gesamtwaldfläche unseres Planeten und ist ein großer Sauerstoffproduzent, biologisch gesehen jedoch nicht sehr artenreich. In sein Unterholz dringt nämlich sehr wenig Licht, sodass sich die Kraut- und die Strauchschicht dort kaum entwickeln können. Außerdem fallen wenig Niederschläge, was für ein starkes Pflanzenwachstum und indirekt auch für die Ausbreitung tierischen Lebens nicht sehr förderlich ist. So werden pro Hektar im Jahr kaum 4 Tonnen Pflanzenmasse erzeugt, während es im tropischen Regenwald mehr als 30 Tonnen sind, im Laubwald der gemäßigten Zone 7-8 Tonnen.

Die alten Urwälder existieren in Europa schon seit Langem nicht mehr, außer im Bialowieza-Nationalpark beiderseits der polnisch-weißrussischen Grenze, wobei der eigentliche Bialowieza-Urwald größtenteils auf polnischem Staatsgebiet liegt. Dort gedeiht noch ein Rest des Primärwaldes der gemäßigten Zone. Überall sonst wurde er durch den Menschen grundlegend verändert. In Deutschland sind mit Ausnahme einiger naturnaher Relikte in den Alpen oder einigen Mittelgebirgen alle Wälder bewirtschaftet. Die Nutzung des Waldes soll etwa 3000 Jahre vor Christus in der Provence und Aquitanien begonnen haben. In seiner „Naturalis historia" stellte schon Plinius der Ältere anklagend fest, dass in dem Gebiet der heutigen Provence der mediterrane Wald fast vollständig dem Ackerbau und der Ziegenzucht zum Opfer gefallen war. Der Raubbau am Wald hat also nicht erst gestern begonnen.

Mit Ausnahme immergrüner Hartlaubwälder finden wir in Deutschland alle Waldtypen, allerdings zum weitaus überwiegenden Teil Mischwälder, die eine große Zahl an Vogelarten beherbergen. Jede Art findet hier Wohnung und Schutz in mehreren „Stockwerken", die sich vom Boden bis zu den Wipfeln der höchsten Bäume erstrecken. Nehmen wir als Beispiel einen Eichen- und Buchenwald, wie er früher für das Flachland typisch war und heute in

Buchenwald im Mittelgebirge

vielen Gegenden wiederentdeckt wird. Hier finden wir folgende Artenverteilung:
– Untere Strauchschicht: Zaunkönig, Rotkehlchen, Heckenbraunelle, Singdrossel.
– Mittlere und obere Strauchschicht: Amsel, Zilpzalp, Weiden- und Kohlmeise, Mönchs- und Gartengrasmücke, Blau- und Sumpfmeise.

Diesen zwölf Arten bietet der Bereich zwischen dem Boden und 2,75 m Höhe Nahrung.

Oberhalb der Strauchschicht finden wir die Nachtigall. In den höheren Ästen halten sich gern Garten- und Waldbaumläufer, Kleiber, Groß-Buntspecht und Mittelspecht auf (der den Mischwald bevorzugt und in Deutschland sein größtes Vorkommen hat). Aber auch Grauspecht und Schwarzspecht, die größte Spechtart in Mitteleuropa, die sich immer mehr ausbreitet, und auf der anderen Seite der winzige Kleinspecht sind hier anzutreffen. Noch weiter nach oben zieht es die Schwanzmeise, den Eichelhäher, die Ringeltaube und den Waldkauz, der in Baumhöhlen nistet und auch ehemalige Bruthöhlen des Schwarzspechts nicht verschmäht. Hinzu kommen auch einige zu den Waldvogelarten zählende Greifvögel, wie der Habicht und in geringerem Maße der Sperber, der Mäuse- und der Wespenbussard, der Rot- und der Schwarzmilan, die oft an den Waldrändern nisten.

DER WALD UNTER EINEM BESONDEREN BLICKWINKEL

Im Dezember 1999 wird Frankreich vom schlimmsten Sturm seiner Geschichte heimgesucht. Bei nahezu wirbelsturmartigen Windgeschwindigkeiten von teilweise über 200 km/h werden weite Waldstriche verwüstet. Die Zahl der umgestürzten Bäume wird auf 300 Millionen geschätzt.

Doch wenn man ein bisschen genauer hinschaut, so sieht man, dass vor allem die empfindlichsten Baumbestände zerstört wurden. Diese Empfindlichkeit hat verschiedene Ursachen: schlechte Pflanzung, zu gleichmäßige Anordnung, Monokulturen und schlechte Bewirtschaftung. Natürlich stellt dieser Verlust für viele eine ökonomische Katastrophe dar, aber könnte man den Wald sich einfach ganz natürlich selbst regenerieren lassen, würde man feststellen, dass sich nach einigen Jahren von ganz alleine neue Arten ansiedeln würden. Der zerstörte Wald würde ersetzt durch eine Krautschicht, dann eine Busch- und eine Strauchschicht und schließlich nach etwa 50 Jahren (oder mehr) eine Baumschicht, die innerhalb von etwa zwei Jahrhunderten ihre volle Höhe erreichen würde. Es ist auch keineswegs selbstverständlich, dass alle entwaldeten Flächen wieder von Wald besiedelt werden. Es könnte auch eine Art natürliche offene Landschaft entstehen mit Grasflächen, einzelnen Baumgruppen, Wäldern mit weiten Lichtungen. Dies könnte zu einem Lebensraum für eine außerordentliche Artenvielfalt werden.

Doch wirtschaftliche Zwänge führen zu einer mehr oder weniger kurzfristigen Wiederaufforstung. Allerdings hat man erkannt, dass man die Fehler der Vergangenheit nicht wiederholen darf: keine reinen Nadelholzpflanzungen mehr, nur weil sie viel schneller wachsen und deshalb rentabler sind als die robusteren Laubbäume.

SCHWARZSPECHT

···▶ *DRYOCOPUS MARTIUS* | **Körperlänge:** 45-57 cm

Englisch: *Black Woodpecker* | **Spanisch:** *Picamaderos negro*
Französisch: *Pic noir* | **Italienisch:** *Picchio nero*

Zoogeografische Einordnung und Verbreitung

Paläarktisch. Von der Kamtschatka-Halbinsel bis nach Westeuropa, jedoch nicht auf den Britischen Inseln und in Portugal. Seit Anfang der 1960er-Jahre deutliche Ausbreitung Richtung West- und Südfrankreich.

Beschreibung: Hat etwa die Größe einer Krähe, aber die Gestalt ist kantiger. Einheitlich schwarz. Langer, starker grauweißer Schnabel mit dunkelgrauer Spitze. Gelblich-weiße Augen. Beim Männchen roter Scheitel mit leichtem Schopfansatz. Beim Weibchen (siehe unten) nur rotes Hinterhaupt.

Lebensraum: In Nadel-, Misch- und Laubwäldern, brütet dort vor allem in Altholzbeständen, überwiegend in Buchen und Kiefern.

Nahrung: Ernährt sich zum überwiegenden Teil von Insekten, vornehmlich von Ameisen und deren Larven. Sucht auch nach Insekten unter Baumrinden und in Baumstämmen. Gräbt auf der Nahrungssuche sogar Tunnel unter dem Schnee.

Verhalten: Lebt außerhalb der Brutzeit allein. Charakteristischer langer Flugruf *krrü ... krrü ... krrü*, nach der Landung abfallendes, klagendes *kliööh*. Beide Rufe dringen weit durch den ausgedehnten Hochwald, den er bewohnt. Sucht nach Nahrung in alten Baumstümpfen, die er trommelnd zerhackt. Sein Trommelwirbel wird seiner Größe gerecht: Es ist der längste und wohlklingendste des Waldes.

HABICHT

·····**›** *ACCIPITER GENTILIS*

Englisch: *Northern Goshawk*
Französisch: *Autour des palombes*

Körperlänge: 49-61 cm
Spannweite: 135-165 cm
Spanisch: *Azor común*
Italienisch: *Astore comune*

⊕Beschreibung: Kräftige Gestalt mit breiten, an der Spitze stumpfen Flügeln und langem Schwanz. Auf der Oberseite schiefergrau, auf der Unterseite weißlich mit feiner grauer Querbänderung. Jungvögel oberseits bräunlich und unterseits braun gesprenkelt. Das Männchen ist um ein Drittel kleiner als das Weibchen. Die Augenfarbe wird mit zunehmendem Alter dunkler: Von Hellgelb bei den Jungvögeln verändert sie sich zu einem intensiven Orange bei älteren Vögeln.

⊕Lebensraum: Vor allem Nadelwälder, aber auch Mischwälder. Bevorzugt große Baumbestände mit angrenzender von Baumgruppen und Hecken durchzogener Graslandschaft. Obwohl vorwiegend Waldvogel, fliegt er auch Waldränder und Weiher ab.

⊕Nahrung: Schlägt hauptsächlich mittelgroße Vögel wie Tauben, Rabenvögel, Enten, ebenso Kaninchen und Eichhörnchen. Wenn es an natürlicher Beute fehlt, spezialisiert er sich manchmal auch auf schlecht gehütetes Hausgeflügel.

⊕Verhalten: Mit seinen kurzen, abgerundeten Flügeln und dem langen Schwanz kann er sehr schnell durch das Blattwerk fliegen, wo er Eichelhäher jagt, die – neben Tauben – zu seiner Lieblingsbeute gehören. Er fliegt kurz und heftig an und schlägt blitzartig zu.

> Zoogeografische Einordnung und Verbreitung
>
> Holarktisch. Vom äußersten Norden Marokkos über ganz Eurasien bis zum Pazifik sowie in Nordamerika.

WALDKAUZ

⤍ *Strix aluco*

Englisch: *Tawny Owl*
Französisch: *Chouette hulotte*

Körperlänge: 37-46 cm
Spannweite: 90-100 cm
Spanisch: *Cárabo común*
Italienisch: *Allocco comune*

Paläarktisch. Von Nordwestafrika über ganz Europa – mit Ausnahme von Irland – bis nach China verbreitet. Zahlreiche Unterarten. Fast überall in Deutschland zu Hause, außer in waldarmen Küstengebieten.

Beschreibung: Großer rundlicher Kopf mit dunklen Augen und einem ausgeprägten Schleier. Das gesamte Gefieder ist gesprenkelt und hat dunkelbraune Streifen. Bekannt sind zwei Farbvarianten: grau und rötlich-braun.

Lebensraum: Große Laub-, Misch- oder Nadelwaldbestände. Aber auch Wäldchen, Baumgruppen, Galeriewälder, bewaldete Flussinseln, Parks und große Gärten, selbst in der Stadt. Fühlt sich überall wohl, wo es Bäume gibt.

Nahrung: Je nach Region unterschiedlich: Kleinnager, Vögel, Amphibien, Insekten und sogar Fische.

Verhalten: Sein langes Heulen ist überall bekannt. Weniger bekannt ist sein gellender zweisilbiger Schrei, den er oft bei der Jagd ausstößt, oder sein säuselnder Liebesgesang. Als Reviervogel kann er recht aggressiv werden, wenn man seinem Nest zu nahe kommt. Man kann ihn in einer klaren Nacht auf Lichtungen oder am Ufer von Weihern beobachten, vor allem während der Hirschbrunft (September–Oktober). Er gehört zu den Standvögeln.

PIROL

⇢ *ORIOLUS ORIOLUS*	**Körperlänge:** 23 cm
Englisch: *Golden Oriole*	**Spanisch:** *Oropéndula*
Französisch: *Loriot d'Europe*	**Italienisch:** *Rigogolo*

⊙**Beschreibung:** Ausgesprochener Geschlechtsdimorphismus. Das Männchen ist mit keiner anderen Art zu verwechseln: grellgelber Rumpf mit schwarzen Flügeldecken und Schwanzfedern mit zwei gelben Randstreifen am Ende. Weibchen und Jungvögel sind oberseits mattgrün und unterseits gelblich gestreift, Flügel und Schwanz sind etwas dunkler.

⊙**Lebensraum:** In Laubwäldern, Auwäldern, Parks mit hohen Bäumen. Lebt vorwiegend im Kronenbereich der Bäume.

⊙**Nahrung:** Ernährt sich hauptsächlich von Insekten. Verschmäht im Spätsommer und Herbst auch Früchte nicht.

⊙**Verhalten:** Da er sich hauptsächlich im Kronenbereich der Bäume aufhält, bekommt man ihn kaum zu sehen, dafür aber zu hören. Das Männchen macht durch sein klangvolles *dü-delüü-lio* auf sich aufmerksam. Sein Flug ist geradlinig und schnell. Zu beobachten ist er kurzzeitig beim Balzflug, der einer wahren Verfolgungsjagd durch die Baumwipfel gleicht. Obwohl erst Ende April angekommen, zieht er im September schon wieder ab.

Zoogeografische Einordnung und Verbreitung

Alte Welt. Einziger europäischer Vertreter einer Gattung, zu der auch 23 tropische Arten in Afrika und Asien zählen. Ist von Nordafrika über Europa bis nach Vorderasien verbreitet. In Indien und Turkestan lebt eine Unterart.

Feld und Flur

Wenn man von Feld und Flur spricht, denkt man an sanfte, lichtdurchflutete Landschaften. Man sieht mehr oder weniger hügelige ausgedehnte Weiten vor sich, unterbrochen von Baumreihen, Feldern, unbefestigten Wegen, auf denen es nach Haselnüssen duftet und die in vielen Kurven zu einem Fluss führen, der sich träge zwischen Erlen und Weiden dahinschlängelt. Kleine Wäldchen ziehen hier und da den Blick auf sich, und das Unterholz lockt mit seiner sanften Frische. So wie schon Vergil Feld und Flur in den Bucolica besungen hat, weiden hier auch heute noch friedliche Herden. Abends, wenn es dämmert, führt das Bellen eines Hundes den Wanderer zu einem Bauernhof oder in ein Dorf.

Dieses bewusst überzeichnete Bild mag altertümlich erscheinen. Aber darum geht es nicht. Es geht darum, dass Feld und Flur gar kein natürlicher Lebensraum sind. Diese Landschaft ist ganz und gar von Menschenhand gemacht, seit der Mensch Hand an den Wald gelegt hat, um Ackerland zu gewinnen. Dabei ist es ihm tatsächlich gelungen, eine Landschaft nach seinen Bedürfnissen zu schaffen. Oft ist dabei ein künstlicher Lebensraum entstanden, dessen biologisches Gleichgewicht funktioniert und der ohne jeden menschlichen Eingriff auskommt. Eine solche Wiesenlandschaft, in der mit hohen Hecken bewachsene Böschungen und Hohlwege Windschutz bieten und in der sich an feuchten Stellen Weiher bilden, schützt den Boden vor natürlicher Erosion und reichert ihn mit den zersetzten Pflanzenresten der dort lebenden Pflanzen an. In einem solchen Milieu findet eine große Artenvielfalt an Pflanzen und Tieren einen Lebensraum. Aber nun reißt die moderne Landwirtschaft die Hecken nieder, legt den Boden frei, trocknet die Sümpfe aus, begradigt die Flüsse und verwandelt diese lebendigen Landschaften in Wüsten. Der schutzlos der Erosion preisgegebene Boden wird vom Wind davongeweht. Es wachsen nur noch Getreide oder andere Kulturpflanzen, die den massiven Einsatz von Kunstdünger, giftigen Unkrautvernichtungsmitteln und diversen Insektiziden verlangen. Die Zerstörung natürlicher Lebensräume durch intensive Landwirtschaft ist inzwischen der Hauptgrund für das Aussterben der Vögel (60 %),

Abwechslungsreiche Landschaft mit Hecken als Windschutz, kleinen Mauern, Hohlwegen und Wiesen

Landwirtschaft in der Champagne. Nach der Zerstörung der ursprünglichen Landschaft und der Zeit der Flurbereinigung ist der Ackerboden verschwunden. Nichts geht mehr ohne Kunstdünger. Man kann verstehen, dass Trappe, Rebhuhn und Wachtel das Weite gesucht haben.

noch vor der Jagd (29 %) und der Konkurrenz durch eingeführte Arten (20 %).

Einige Gebiete sind der Flurbereinigung jedoch entgangen. Und selbst in einer so ungastlichen Umgebung wie den intensiv bewirtschafteten Feldern halten sich überall dort, wo es noch eine Hecke, einen Hohlweg oder ein Wäldchen gibt, einige wenige Vogelarten auf.

DER CHEMISCHE PLANET

Auf einem kleinen blauen Planeten am äußersten Ende der Milchstraße gab es einst ein Meer, das jetzt verschwunden ist. Die nutzlos gewordenen Häfen sterben mehr als 150 km von den Küsten entfernt vor sich hin. In den einst üppigen Fluten gibt es kein Zeichen von Leben mehr. Die Schiffe versinken im Sand einer Wüste. Heftige Winde wehen über das Land und bringen den Tod. Einst war dies eine friedliche, blühende Landschaft, bis eines Tages die Bewohner der Natur den Krieg erklärt haben.

Dieser Planet ist die Erde. Dieses Meer ist der einstige Aralsee, der zwischen 1960 und 1990 von einigen verantwortungslosen Funktionären in der damaligen UdSSR trockengelegt wurde. Die gewaltigen Flüsse Syr-Darja und Amu-Darja, die den See speisten, wurden umgelenkt zugunsten des Anbaus von Baumwolle in riesigen Monokulturen, die nicht ohne Einsatz von Chemie gedeihen. Die einst lebendigen Flüsse sind heute tot, ihr Wasser versickert in der Wüste. Auch der See ist tot. Die Fische sind tot, die Vögel sind tot oder abgewandert. Die ganze Region ist tot. Die menschliche Bevölkerung leidet und stirbt an chronischen Krankheiten, die Kinder werden mit Missbildungen und Krankheiten geboren.

Machen wir uns nichts vor: Dieses stille Massaker ist nur eine winzige Facette eines Planeten, den der Mensch im Laufe der Jahre zu einem einzigen Zweck missbraucht hat: dem sofortigen Profit. Saurer Regen tötet Seen und Wälder der Nordhalbkugel, im Süden brennen die tropischen Regenwälder, die Wüsten sind auf dem Vormarsch.

Die Worte des französischen Lyrikers und Widerstandskämpfers René Char bekommen hier eine ganz eigene Bedeutung: „Der Mensch ist fähig, das zu tun, was er unfähig ist, sich vorzustellen."

MÄUSEBUSSARD

> **BUTEO BUTEO**

Englisch: Common Buzzard
Französisch: Buse variable

Körperlänge: 52–54 cm
Spannweite: 115–140 cm
Spanisch: Busardo Ratonero
Italienisch: Poiana eurasiatica

Zoogeografische Einordnung und Verbreitung

Paläarktis. Von Westeuropa bis zum Pazifik. Mehrere Unterarten. In ganz Deutschland zu Hause.

Beschreibung: Breiter gerundeter Schwanz. Äußerst variable Gefiederfärbung von nahezu reinem Weiß unterseits bis zu mehr oder weniger gesprenkeltem Schwarzbraun. Oberseits meist einfarbig braun. Der Schwanz ist immer gestreift.

Lebensraum: Verbreitetster und häufigster Greifvogel in Feld und Flur überhaupt. Bevorzugt abwechslungsreiche Landschaft mit Gehölzen, Wäldern, Grasflächen, bebauten Feldern, Brachland.

Nahrung: Überwiegend Kleinnager (in manchen Gebieten bis zu 98 %), am liebsten Feldmäuse, aber auch kleine Vögel, Insekten, Regenwürmer, Reptilien und Aas. Wertvoller Helfer für die traditionelle Landwirtschaft.

Verhalten: Geduldig kreisend, auf warmen Luftströmungen segelnd, sucht der Bussard nach Beute. Hat er sie erspäht, lässt er sich stufenweise fallen. Der kreisende Segelflug dient auch dazu, sein Revier zu markieren. Der Bussard jagt aber auch von einer Sitzwarte aus. Das kann ein Ast am Waldrand sein, ein Mast, ein Zaunpfahl, aber auch eine Erdscholle. Seltener stößt er aus dem Rüttelflug zu, bei dem er sich mit schnellem Flügelschlag gegen den Wind auf der Stelle hält. Seinen klagenden Ruf stößt er oft von einer erhöhten Sitzposition oder aus dem Segelflug aus.

NEUNTÖTER

⇢ *LANIUS COLLURIO*	**Körperlänge:** 17 cm
Englisch: *Red-backed Shrike*	**Spanisch:** *Alcaudón de Dorso Rojo*
Französisch: *Pie-grièche écorcheur*	**Italienisch:** *Averla piccola*

⊙ **Beschreibung:** Das Männchen ist an seinem blau-grauen Kopf, seiner schmalen schwarzen Gesichtsmaske, seiner weißlich-rosafarbenen Unterseite und seinem rotbraunen Rücken zu erkennen. Weibchen und Jungvögel sind oberseits braun und unterseits heller mit brauner Sperberung.

⊙ **Lebensraum:** Offene Landschaften mit Dornensträuchern, Hecken und dichtem Unterwuchs.

⊙ **Nahrung:** Unterschiedlich, aber mit starker Tendenz zu großen Insekten. Auch Eidechsen und Vogeljunge sowie ab und zu Kleinnager.

⊙ **Verhalten:** Spießt seine Beutetiere auf Dornen auf, um sich einen Vorrat anzulegen. Das Männchen zeigt sich oft auf der Spitze eines Busches, eines niedrigen Baumastes oder einer Stromleitung. Das Weibchen hält sich mehr im Verborgenen. Seine Zugrouten führen über Griechenland und Ägypten, wobei die Populationen Spaniens zunächst die Pyrenäen und dann die Alpen überqueren und sich schließlich über der Balkanhalbinsel dem Hauptstrom der Vögel anschließen (siehe S. 71).

Zoogeografische Einordnung und Verbreitung

Paläarktis. Kommt in fast ganz Europa mit Ausnahme von Irland, Teilen Skandinaviens, Großbritanniens und Teilen Spaniens bis nach Westsibirien vor.

HECKENBRAUNELLE

···→ *PRUNELLA MODULARIS*   **Körperlänge:** 14,5 cm

Englisch: *Dunnock (Hedge-Sparrow)* **Spanisch:** *Acentór común*
Französisch: *Accenteur mouchet*   **Italienisch:** *Passera scopaiola*

→ **Beschreibung:** Etwa so groß wie ein Haussperling, aber schlanker. Oberseits braun mit schwarzen Streifen, unterseits schiefergrau. Flanken schwärzlich gestreift. Dünner Schnabel.

→ **Lebensraum:** Büsche und Gestrüpp, Hecken, dichtes Gebüsch. Hält sich in der Nähe von oder unter Büschen auf. Lebt als unauffälliger Einzelgänger. Bevorzugt im Gebirge junge Nadelbäume. Ebenso Parks und Gärten.

→ **Nahrung:** Im Sommer Insekten und Spinnen, in den Regionen, in denen er ganzjährig lebt (der größte Teil des Landes außer im Gebirge), im Winter Körner. Sucht seine Nahrung am Boden und ist bei Körnern nicht wählerisch.

→ **Verhalten:** Als unauffälliger Einzelgänger hält sich die Heckenbraunelle in der Nähe von oder unter Büschen auf. Ihr schlichter Gesang ähnelt dem des Zaunkönigs, ist aber leiser. Männchen und Weibchen haben während der Brutzeit ihre eigenen Reviere. Heckenbraunellen sind Teilzieher, von denen viele im Winter hierbleiben, einige Exemplare jedoch bis nach Nordafrika vordringen.

Zoogeografische Einordnung und Verbreitung

Europäische Paläarktis. Von Westeuropa bis zum Ural. Im Mittelmeerraum selten bis gar nicht. In Deutschland weit verbreitet.

TURTELTAUBE

> *STREPTOPELIA TURTUR*   **Körperlänge:** 27 cm

Englisch: *Turtle Dove*   **Spanisch:** *Tórtola europea*
Französisch: *Tourterelle des bois*   **Italienisch:** *Tortora europea*

Beschreibung: Schwarz gefleckte rötlich-braune Oberseite, einfarbige Unterseite. Kehle und Brust rötlich gefärbt, Bauch weiß. Oberkopf und Nacken grau. Schwarz-weiß gestreifter Halsfleck beim ausgewachsenen Vogel. Feiner schwarzer Schwanz mit weißem Rand. Gleiche Färbung bei beiden Geschlechtern.

Lebensraum: Offene Wiesenlandschaften. Bevorzugt sonnige Bereiche mit Gehölzen, Hecken, Brachland. Hält sich auch in Galeriewäldern und bewaldeten Sümpfen auf.

Nahrung: Als reiner Körnerfresser ernährt sie sich von Getreidekörnern, Hülsenfrüchten, Grassamen und den Körnern von Kreuzblütlern wie Senf.

Verhalten: Als friedlicher und geselliger Vogel sucht sie ihre Nahrung oft in kleinen Gruppen zusammen mit der Ringeltaube, der Hohltaube und der Türkentaube. Aber sie ist scheuer als die anderen. Ihr Ruf, den sie aus dem Blattwerk von Bäumen ertönen lässt, ist ein wiederholtes *gurrrrrrr*.

Zoogeografische Einordnung und Verbreitung

Europäische Paläarktis. Von Nordafrika und den gemäßigten Zonen Europas bis zur Mongolei. Bei uns in milden Regionen, fehlt in Mittel- und Hochgebirgen. Zieht im Winter nach Afrika südlich der Sahara.

ZWERGTRAPPE

→ *TETRAX TETRAX*

Körperlänge: 42 cm
Spannweite: 80-90cm

Englisch: *Little Bustard*
Französisch: *Outarde canepetière*

Spanisch: *Sisón común*
Italienisch: *Gallina prataiola*

Zoogeografische Einordnung und Verbreitung

Paläarktis. Nordwestafrika, Iberische Halbinsel, Frankreich und von Südrussland bis in den Nordiran. In Deutschland ausgestorben.

→ Beschreibung: Beim Hahn ist der Hals im Prachtkleid tiefschwarz mit zwei weißen Streifen. Körperoberseite sandbraun mit dunklen Zeichnungen und Unterseite weiß; Kopf und Kehle sind bleigrau. Das Weibchen ähnelt ihm, hat aber kein blaues Gesicht und keinen schwarz-weißen Hals. Die Handschwingen sind braun-schwarz, die breiten Handdecken weiß.

→ Lebensraum: Weite Graslandschaften und bewirtschaftete Felder (Getreide, Luzerne, Klee). Hielt sich ursprünglich in der Grassteppe auf.

→ Nahrung: Überwiegend Samen und Früchte von Kreuzblütlern und Hülsenfrüchten. Auch große Insekten mit einer Vorliebe für Schrecken (Grashüpfer, Heuschrecken und Grillen), besonders bei der Aufzucht der Jungen.

→ Verhalten: Extrem scheu, daher außerhalb der Balzzeit schwer zu beobachten. Das Männchen balzt mit zurückgeworfenem Kopf und ballonartig aufgeblähtem Kehlsack. Sein kurzes, aber lautes *trrrrt* soll ihm seinen Namen eingetragen haben. Die französische Population überwintert zum größten Teil auf der Iberischen Halbinsel.

WACHTEL

⇢ *COTURNIX COTURNIX*

Körperlänge: 17 cm

Englisch: *Common Quail*
Französisch: *Caille des blés*

Spanisch: *Codorniz europea*
Italienisch: *Quaglia comune*

Zoogeografische Einordnung und Verbreitung

➔ Beschreibung: Schwer zu beobachten, eher ist der typische Ruf des Männchens zu hören (*pick-wer-ick*). Oberseite sandbraun mit deutlichen schwarzen und gelblich weißen Streifen, Unterseite blasser und einfarbig, Flanken gestreift. Das Männchen hat schwarze Streifen an der Kehle.

➔ Lebensraum: Getreidefelder, Graslandschaften, offenes grasbedecktes Gelände (Steppe).

➔ Nahrung: Überwiegend Körner. Im Frühjahr auch kleine Insekten und deren Larven.

➔ Verhalten: Eher einzelgängerisch und unauffällig. Bewegt sich in ihrem Brutgebiet meist gehend, selten fliegend fort. Langstreckenzieherin. Winterquartiere von Südspanien bis nach Afrika in die Sahelzone, vom Senegal bis nach Äthiopien.

Paläarktis. Brütet rund ums Mittelmeer, in Nordafrika, von West- und Mitteleuropa bis Russland, ebenso in einem Teil Asiens bis nach Westsibirien, Nordindien und in der Mongolei. Die Bestände in Deutschland gehen durch die Zerstörung des Lebensraums zurück.

HAUSROTSCHWANZ

⟶ PHOENICURUS OCHRUROS	**Körperlänge:** 14 cm
Englisch: *Black Redstart*	**Spanisch:** *Collirojo tizón*
Französisch: *Rouge-queue noir*	**Italienisch:** *Codirosso spazzacamino*

Zoogeografische Einordnung und Verbreitung

Paläarktis. Vom Maghreb bis nach Südskandinavien und vom Atlantik bis nach China. In Deutschland überall verbreiteter Brutvogel. Ursprünglich Felsbrüter. Erst im 20. Jahrhundert in England eingewandert.

⟶ Beschreibung: Das Männchen ist schwarz mit einem deutlich sichtbaren weißen Flügelspiegel; Unterbauch und Unterschwanzdecken sind grau. Weibchen und Jungvögel sind grauweiß. Beide Geschlechter haben einen rostroten Schwanz, wobei das mittlere Steuerfederpaar dunkelbraun ist, der Bürzel ebenfalls rostrot.

⟶ Lebensraum: Felsiges und bergiges Gelände bis in mehr als 2700 m Höhe. Weiß aus der Anwesenheit des Menschen und seiner Siedlungen Nutzen zu ziehen und folgt ihm in die Städte. Man trifft ihn in Ruinen, auf Mauern und Gebäuden, also fast überall, an.

⟶ Nahrung: Insekten und Spinnen, im Sommer und Herbst auch einige Beeren.

⟶ Verhalten: Sehr aufrecht auf seinen Beinen, setzt er sich oft auf einem Stein, einer Mauer, einem Dach oder einem Sims in Positur. Charakteristisch für beide Geschlechter ist das häufige Schwanzzittern.

WACHOLDERDROSSEL

┈▶ *TURDUS PILARIS*   **Körperlänge:** 25 cm

Englisch: *Fieldfare*   **Spanisch:** *Zorzal real*
Französisch: *Grive litorne*   **Italienisch:** *Cesena*

⟶ Beschreibung: Etwas größer als die Amsel. Elegant und auffallend bunt mit starken Kontrasten. Kopf und Bürzel hellgrau, Schwanz schwarz, Handschwingen schwarz, Rücken kastanienbraun; Kinn weiß, Kehle und Brust gelblich-rotbraun, Flanken und Bauch weißlich. Die Unterseite ist kräftig schwarz gefleckt.

⟶ Lebensraum: Im Sommer hält sie sich gern auf Waldlichtungen, in Baumgruppen, Alleen, Obstgärten und Graslandschaften auf, im Winter mehr in offenem Gelände und Hecken.

⟶ Nahrung: Vom Herbst bis zum Frühjahr Beeren und Früchte aller Art, im Sommer tierische Kost: Insekten und andere wirbellose Kleintiere wie z. B. Würmer.

⟶ Verhalten: Zieht außerhalb der Brutzeit gern in großen Schwärmen umher, die auf dem Boden gemeinsam nach Nahrung suchen. Krächzender, quietschender Gesang sowie Rufe, die wie *tschack, tschack* klingen.

Zoogeografische Einordnung und Verbreitung

Sibirische Paläarktis. Auf Island und in Teilen der Britischen Inseln nur im Winter, sonst von Teilen Frankreichs über Mittel- und Nordeuropa bis nach Ostsibirien. Das Verbreitungsgebiet verschiebt sich immer weiter nach Westen. Im Winter oft Zuwanderung aus Skandinavien.

Feuchtgebiete

Als Feuchtgebiete werden alle Orte mit mehr oder weniger stehenden Gewässern bezeichnet, also Moore, Weiher, Lagunen und Seen. Die Gebirgsseen im engeren Sinne wollen wir beiseite lassen, denn aufgrund ihrer steilen, felsigen Ufer und ihrer Tiefe sind sie kein idealer Lebensraum für die Vogelwelt.

Schaut man sich dagegen die topografische Gliederung eines Weihers oder eines in der Ebene gelegenen Sees mit mehr oder weniger sanft abfallenden Ufern an, so erkennt man eine gewisse Anzahl von unterschiedlichen biologischen Zonen mit jeweils charakteristischen Lebensgemeinschaften. Es handelt sich um die Uferzone (Litoral), die Freiwasserzone (Pelagial) und die Bodenzone (Benthal) – diese Zonierung gilt auch für marine Ökosysteme. In der Freiwasserzone ist besonders die Deckschicht (Epipe-

lagial oder Epilimnion) interessant, also das Oberflächenwasser, wo durch Photosynthese mehr Sauerstoff produziert wird, als die dort lebenden Organismen aufnehmen. In der Sprungschicht (Metalimnion) hingegen sind photosynthetische Sauerstoffproduktion und Sauerstoffverbrauch mehr oder weniger im Gleichgewicht. Die Tiefenschicht (Hypolimnion) ist in Seen, nicht aber in Weihern vorhanden. Nicht damit zu verwechseln ist die Bodenzone, die vom Rand der Uferzone bis zum tiefsten Punkt des Gewässers reicht.

Wenden wir uns nun der Uferzone zu, die für die Vogelwelt sicherlich die interessanteste ist.

In einer Tiefe von 1–3 m finden wir eine pflanzliche Lebensgemeinschaft, die sich aus Gelben Teichrosen (*Nuphar lutea*), Glänzendem Laichkraut (*Potamogeton*

Kleiner Weiher im Wald, der zahlreichen Arten einen Lebensraum bietet

lucens) und Quirligem Tausendblatt (*Myriophyllum verticillatum*)
zusammensetzt.

Diese Pflanzen sind entweder
vollständig untergetaucht (Laichkraut) oder schwimmen teilweise
auf der Wasseroberfläche, wie die
Blüten und Laubblätter der Teichrosen. In einer Tiefe von 0–1 m leben Pflanzen, bei denen nur der
untere Teil untergetaucht ist. Dies
sind vor allem die Gewöhnliche
Teichsimse (*Schoenoplectus lacus-
tris*) sowie der Breitblättrige Rohrkolben (*Typha latifolia*) und das
Schilfrohr (*Phragmites australis*).
In einem Übergangsbereich zwischen Wasser und festem Boden,
der saisonal überflutet und daher
immer mehr oder weniger feucht
und vollgesogen ist, wachsen Bin-
sen-Schneiden (*Cladium mariscus*),
eine hochwachsende Sauergras-
art. Der eigentliche Uferbereich ist
sumpfig. Hier dominieren Blaues
Pfeifengras (*Molinia coerulea*) und
Weiden (*Salix* spec.).

In der Uferzone wimmelt es von
tierischem Leben. Im tiefsten Teil
finden sich Würmer, in etwas höher gelegenen Bereichen Insekten
(etwa große Wasserwanzen oder
unter Wasser lebende Schwimm-
käfer), Lungenschnecken, Amphibien, Fische – natürlich sowohl
räuberische als auch pflanzen-
fressende Arten – sowie Plankton,
das man auch in der Deckschicht
der Freiwasserzone findet. In der
Uferzone leben auch Säugetiere,
wie die Bisamratte, sowie Reptilien, wie die Ringelnatter, und
Amphibien, wie der Teichfrosch.
Haubentaucher bauen ihr schwim-
mendes Nest im Flachwasserbe-
reich von Röhrichten. An den
Ufern bietet die dichte Vegetation
unendlich viele Lebensräume und
Deckung für zahlreiche Vögel, wie
Rohrweihe, Graureiher, Teichhuhn,

Zusammen mit den Meeresküsten bilden die Feuchtgebiete außerordentlich artenreiche Ökosysteme. Hier der Sumpf von Vauville am Kap von La Hague auf der normannischen Halbinsel Cotentin. Links: Graureiher.

Blässhuhn, Sumpfrohrsänger und viele mehr. Die Weiden auf etwas festerem Boden beherbergen große Graureiher-Kolonien und zahlreiche andere Arten.

Die Feuchtgebiete sind jedoch stark gefährdet durch die vielfältigen Auswirkungen menschlicher Aktivitäten, nicht zuletzt durch Trockenlegung, die Umwandlung in illegale oder auch öffentliche Müllkippen, in Parkplätze und anderes mehr.

Gerade noch rechtzeitig hat die Internationale Gemeinschaft beschlossen, diese Gebiete zu schützen. Dazu wurde 1971 im iranischen Ramsar von über 100 Staaten die sogenannte Ramsar-Konvention geschlossen, ein internationales Übereinkommen über Feuchtgebiete, dem Deutschland 1976 beigetreten ist. Jeder Unterzeichnerstaat verpflichtet sich, in seinem Hoheitsgebiet eine gewisse Anzahl von international bedeutenden Feuchtgebieten auszuweisen und eine ausgewogene Nutzung in der Weise sicherzustellen, dass Brutvögel dort einen Lebensraum und Schutz finden sowie durchziehende Zugvögel einen dauerhaften Rastplatz. Deutschland hat 33 solcher Feuchtgebiete ausgewiesen. Dazu gehören das Schleswig-Holsteinische und Niedersächsische Wattenmeer sowie die Elb- und Donauauen.

ROHRWEIHE

→ *CIRCUS AERUGINOSUS*

Körperlänge: *48-56 cm* **Spannweite:** *112-130 cm*
Englisch: *Marsh Harrier* **Spanisch:** *Aguilucho lagunero*
Französisch: *Busard des roseaux* **Italienisch:** *Falco di palude*

Zoogeografische Einordnung und Verbreitung

Paläarktisch. In Deutschland seltener Brutvogel, vor allem im Norddeutschen Tiefland und seenreichen Gebieten.

→ **Beschreibung:** Lange, breite Flügel. Männchen rostbraun mit silbergrauen Bereichen. Seine Flügel sind an der Unterseite silbergrau mit schwarzen Spitzen und bilden einen interessanten Kontrast zum rostbraunen Körper. Weibchen dunkelbraun, Kopf und Flügelvorderhand hellgelb. Die Jungen sehen aus wie das Weibchen, aber mit dunklen Flügelvorderseiten.

→ **Lebensraum:** Feuchtgebiete mit ausgedehnten Röhrichten.

→ **Nahrung:** Ist bei der Jagd nicht wählerisch. Die Beute reicht von Kleinnagern, Amphibien und kleinen Vögeln bis zu Enten und Blässhühnern.

→ **Verhalten:** Fliegt meist niedrig in gaukelndem Flug, oft direkt über dem Schilf. Kehrt dann plötzlich um und stürzt sich mit ausgestreckten Beinen senkrecht in die Vegetation. Das Männchen vollführt spektakuläre Balzflüge. Zugvogel, der bis nach Afrika südlich der Sahara fliegt.

→ **Anmerkung:** Wegen der Trockenlegung der Sümpfe und der Zerstörung der großen Röhrichte aus vielen Regionen abgewandert.

TEICHROHRSÄNGER

→ *ACROCEPHALUS SCIRPACEUS*　　**Körperlänge:** 12,5 cm

Englisch: *Reed Warbler*　　　　　**Spanisch:** *Carricero común*
Französisch: *Rousserolle effarvatte*　**Italienisch:** *Cannaiola*

➔ Beschreibung: Meisengroßer Vogel. Auf der Oberseite einfarbig braun, auf der Unterseite bräunlich-weiß. Undeutlicher heller Überaugenstreif. Hängt oft kopfüber im Schilf.

➔ Lebensraum: Im Schilf und Röhricht in Süß- oder Brackwasser, egal ob an Weihern und Lagunen oder entlang von Gräben und Kanälen.

➔ Nahrung: Hauptsächlich Insekten. Sucht seine Beute im Schilf, den benachbarten Wiesen, Getreidefeldern, Weiden, Schlehenhecken und Steineichen.

➔ Verhalten: Verbringt die meiste Zeit im Schilf, wo er behände die Halme absucht und von einem Halm zum anderen hüpft. Er klettert wie eine Maus an den Halmen entlang und singt von der Spitze aus sein Lied. Sein Gesang ist allerdings nicht sehr melodisch, sondern besteht aus der schnellen Wiederholung immer gleicher charakteristischer Elemente: *tschurr-tschurr-tschurr, tscharr-tscharr-tscharr, tschirrak-tschirrak-tschirrak.*

Zoogeografische Einordnung und Verbreitung

Paläarktisch. Nordafrika, Europa, Vorderasien. In Deutschland weit verbreitet, häufigster im Schilf lebender Rohrsänger. Zugvogel. Verbringt den Winter im tropischen Afrika.

GRAUREIHER

ARDEA CINEREA

Körperlänge: 90-98 cm
Spannweite: 175-190 cm

Englisch: Grey Heron
Französisch: Héron cendré

Spanisch: Garza real
Italienisch: Airone cenerino

Beschreibung: Groß und schlank. Langer Hals, lange Beine. Rückenseite grau. Kopf und Hals weiß mit breitem schwarzem Augenstreifen und schmaler schwarzer Flecken-reihe am Vorderhals. Schwarze Schwingen beim ausgewachsenen Tier.

Lebensraum: Alle Feuchtgebiete, auch Brackwasser und Binnengewässer, Wasserläufe, Wiesen, ob überschwemmt oder nicht, bewirtschaftete oder brachliegende Felder.

Nahrung: Jagt genauso gern im Wasser wie auf Wiesen. Frisst Fische, Amphibien, Reptilien, kleine Vögel, Kleinsäuger, Schnecken und große Insekten.

Verhalten: Extrem geduldig, er kann stundenlang völlig unbeweglich, den Hals zwischen die Schultern gezogen, auf Beute lauern. Langsam sucht er das Wasser ab, um dann blitzschnell mit seinem dolchartigen Schnabel zuzustoßen. Sein Flug ist langsam und ein wenig schwerfällig, aber gleichmäßig und wuchtig. Oft während der Dämmerung oder in der Nacht aktiv.

Zoogeografische Einordnung und Verbreitung

Alte Welt. Kommt in Eurasien sowie in Ost- und Südafrika vor. Fehlt in Australien und der Nordhälfte Afrikas. In Deutschland weit verbreitet, vor allem im Norden. Nachdem er unter Schutz gestellt wurde, hat die Population stark zugenommen.

Sehr klein und sehr selten: der Purpurreiher
(Ardea purpurea)

Der etwas kleinere und noch schlankere Purpurreiher ist ein tropischer Farbtupfer in unserer Vogelwelt. Er ist vor allem von Afrika über Südeuropa bis Südostasien verbreitet. Durch seine teils dunkelgraue, teils rotbraune bis violette Färbung hebt er sich von der ansonsten einfarbigen Sumpflandschaft deutlich ab. Da er ausschließlich in Feuchtgebieten mit ausgedehnten Röhrichten brütet, leidet er sehr unter dem starken Rückgang dieses Lebensraums. In Deutschland ist der Purpurreiher sehr selten. Es gibt vermutlich nicht einmal 30 Brutpaare. Obwohl er unter Schutz gestellt wurde, haben sich die Bestände aufgrund der Zerstörung seines Lebensraums (Bebauung, Trockenlegung, Einsatz von Pestiziden usw.) noch nicht wirklich erholt.

STOCKENTE

→ *ANAS PLATYRHYNCHOS*

Körperlänge: 57 cm

Englisch: *Mallard*
Französisch: *Canard colvert*

Spanisch: *Anade azulón*
Italienisch: *Germano reale*

Beschreibung: Männchen: Kopf und oberer Teil des Halses grün schillernd, unterer Teil des Halses und Brust mahagonibraun, dazwischen ein schmaler weißer Halsring. Bauch blassgrau. Mittlere Steuerfedern aufgerollt und schwarz (Erpellocken), Rest des Schwanzes weiß. Schnabel grüngelb. Weibchen: braun gefleckt, Unterseite heller als Oberseite. Schnabel orangefarben mit grünlichem Sattel. Beide Geschlechter haben orangefarbene Beine und einen breiten metallisch-blauen, weiß gesäumten Flügelspiegel.

Lebensraum: Überall, wo es Gewässer gibt, in Sümpfen, an Flüssen, auf Weihern usw. Im Winter auch an Küsten und in Flussmündungen.

Nahrung: Vielseitig. Im Wasser zarte Pflanzen, Insekten, Weichtiere, Krebstiere, kleine Fische. Auf Wiesen auch Gräser und Körner.

Verhalten: Als geselliges Herdentier verträgt sie sich gut mit ihresgleichen und anderen Entenvögeln. Während der Mauser versteckt sie sich

Zoogeografische Einordnung und Verbreitung

Holarktisch. In der borealen, gemäßigten und mediterranen Zone der nördlichen Halbkugel verbreitet.

tief im Schilf, da sie das gesamte Schwingen-
gefieder abwirft und dadurch flugunfähig ist.

Das berühmte laute Schnattern kommt nur
von der weiblichen Ente, der Erpel lässt eher ein
gedämpftes *rähb* hören. Stockenten gründeln,
d. h. sie suchen das Wasser nach Essbarem ab,
aber sie tauchen nicht, außer um in letzter Not
dem Angriff eines Raubvogels zu entkommen
(Habicht, Wanderfalke, Seeadler).

Selten und gut versteckt:
die Krickente
(Anas crecca)

Sie ist die kleinste Gründelente Europas und
kommt in Deutschland, der südlichen Grenze
dieser holarktischen Entenart, nur stellenweise
vor. Man zählt bei uns etwa 5500 Brutpaare.
Im Winter kommen mehr Tiere als Durch-
zügler und Wintergast zu uns.

Während das Gefieder der weiblichen
Krickente unauffällig ist, sind die Erpel
durch ihren leuchtend kastanienbraunen
Kopf zu erkennen.
Beiderseits zieht sich
vom Auge ein breiter,
glänzend grüner
bogenförmiger Streifen
bis in den Nacken, der
von einem cremeweißen
Rand eingefasst ist.
Außerdem leuchtet bei-
derseits am schwarz ge-
fiederten Hinterteil des
Erpels je ein butter-
gelbes Dreieck. Bei bei-
den Geschlechtern ist
der Flügelspiegel leuch-
tend grün gefärbt.

HAUBENTAUCHER

→ *PODICEPS CRISTATUS*

Körperlänge: 47 cm

Englisch: *Great Crested Grebe*
Französisch: *Grèbe huppé*

Spanisch: *Somormujo lavanco*
Italienisch: *Svasso maggiore*

Zoogeografische Einordnung und Verbreitung

Alte Welt. Ganz Europa bis nach Nordrussland. In Deutschland verbreiteter Brutvogel, vor allem auf größeren Gewässern. Ein Teil der Vögel bleibt im Winter bei uns oder zieht nur bei großer Kälte ins Winterquartier.

→ **Beschreibung:** Im Prachtkleid des Frühjahrs zwei schwarze „Ohrbüschel", die namensgebende Federhaube, und rostrot-schwarze Halskrause. Rotbraune Oberseite, weiße Unterseite.

→ **Lebensraum:** Vor allem Seen und Weiher, in Ufernähe. Baut sein Nest wie eine schwimmende Plattform. Bevorzugt Gewässer mit Uferbewuchs, besiedelt aber zunehmend auch Seen ohne Ufervegetation.

→ **Nahrung:** Im Wesentlichen kleine Fische, Krebstiere und Insekten, die er tauchend jagt.

→ **Verhalten:** Eindrucksvolle Balzzeremonie auf dem Wasser. Bei einer Art Schaukampf richtet sich das Paar auf dem Wasser Brust an Brust auf oder schwimmt mit gestrecktem Hals aufeinander zu. Das schwimmende Nest wird an Schilfhalmen befestigt. Die geschlüpften Jungen klettern auf den Rücken der Altvögel und verstecken sich im Gefieder der Flügel. Die östlichen Populationen sind Zugvögel, die nachts ziehen.

ROHRAMMER

→ *EMBERIZA SCHOENICLUS*	**Körperlänge:** 15 cm
Englisch: *Reed Bunting*	**Spanisch:** *Escribano palustre*
Französisch: *Bruant des roseaux*	**Italienisch:** *Migliarino di palude*

→ **Beschreibung:** Beim Männchen sind im Prachtkleid Kopf und Kehle schwarz mit weißem Nackenband und Bartstreif. Oberseite dunkelbraun gestreift, Unterseite gräulich-hell, an den Seiten gestreift. Das Weibchen ist braun mit einem weißlichen Bartstreif um die Wange bis hinauf zum hellen Überaugenstreif. Entlang der Kehle schmaler schwarzer Streifen, der an den Seiten flammenartig ausläuft.

→ **Lebensraum:** Im Sommer in Schilfbeständen und Sumpfgebieten. Im Winter auf Feldern, im Brachland und an Lichtungen.

→ **Nahrung:** Insekten, Spinnen, Weichtiere und Körner.

→ **Verhalten:** Teilzieher. Die Population in Gebieten mit milden Wintern bleibt ganzjährig, die anderen überwintern in Südeuropa. Der wenig scheue und aktive Vogel lässt sich gut beobachten.
   Das Männchen klettert oft am Schilfhalm bis ganz nach oben, wo es gut sichtbar seinen Gesang vorträgt.

Zoogeografische Einordnung und Verbreitung

Paläarktisch. Bei uns verbreiteter Brutvogel in Sumpf- und Seengebieten.

Gewässer

Wasser ist eines der Grundelemente unseres Planeten. Es zieht in Form von Wolken vom Meer aufs Land und fließt in einem immerwährenden Kreislauf wieder zum Meer zurück. Nach Berechnungen fallen von den enormen Mengen Wasserdampf (von denen 80 % direkt aus den Ozeanen stammen) etwa 77 % als Regen oder Schnee zurück auf das Meer und nur 23 % auf das Festland. Zusätzlich werden 7 % vom Wind auf das Land geweht, aber diese 7 % werden durch Sickerwasser ausgeglichen, das dicht unter der Oberfläche oder in tieferen Schichten wieder ins Meer gelangt. So bleibt die Gesamtmenge des Wassers, auch wenn es in verschiedenen Formen auftritt (flüssig, als Schnee, als Eis oder gasförmig als Wasserdampf), immer gleich groß. Fließgewässer haben an dieser Menge nur einen ganz geringfügigen Anteil. Mit anderen Worten, Ströme, Flüsse und Bäche machen in Wirklichkeit nur einen winzigen Prozentsatz des gesamten Wasservorkommens aus. Mancherorts sind sie zahlreich und

Die Loire bei Moulins. Der „letzte wilde Fluss" Frankreichs ist eine gedankliche Konstruktion, die den Raumplanern ein reines Gewissen verschaffen soll. In Wirklichkeit ist ihr Flussbett von der Mündung bis zum Zufluss des Allier eingedeicht und eingedämmt. Wären sie tatsächlich wild, würden jährlich Tausende von Lachsen auf dem Weg zu ihren Laichplätzen diesen wunderbaren Flusslauf hinaufsteigen, den Loire und Allier zusammen bilden. Doch davon kann keine Rede sein.

reichlich vorhanden, anderenorts sind sie Mangelware, was sie umso wertvoller macht.

Entlang eines Flusslaufs, von seiner Quelle bis zur Mündung ins Meer, erstreckt sich ein abwechslungsreicher Lebensraum. Gegenüber stehenden Gewässern sind Fließgewässer sauerstoffreicher, dafür aber ärmer an Plankton. Hier hat sich eine spezielle benthische Fauna gebildet, die sich der Strömung angepasst hat.

Ein Flusslauf wird von der Quelle bis zur Mündung in vier große Abschnitte unterteilt. Der erste ist der oft hoch im Gebirge gelegene Oberlauf, wo die Flüsse meist als Wildbach beginnen. Daran schließt sich der Mittellauf an, in dem das Wasser oft noch sehr schnell fließt und sauerstoffreich ist. In diesem Bereich haben wir es mit Bächen oder kleinen, schnell fließenden Flüssen zu tun. Weiter unten befindet sich der Unterlauf und damit der Bereich der großen, breiten Flüsse oder Ströme in der Ebene, die oft eine starke Strömung haben, aber trotzdem sehr ruhig wirken. Schließlich kommt die Mündung, in der sich Süß- und Salzwasser mischen. Hier steigt der Salzgehalt nach und nach an und der Fluss führt nährstoffreiche Schlammpartikel mit sich. Auf der gesamten Reise aus dem Hochgebirge ins Meer steht das Wasser in einer sehr engen Beziehung zum Uferboden. Manchmal entreißt es ihm durch die Stärke seiner Strömung Teile, manchmal lagert es diese weiter unten in der Ebene wieder ab. Am gesamten Flusslauf gedeiht eine üppige Vegetation, von der wiederum zahlreiche Vögel profitieren. Die Wasseramsel lebt an schnell fließenden Bächen und Flüssen, der Flussuferläufer nistet an den steinigen Ufern von Gebirgsflüssen. Das Teichhuhn bevor-

zugt die Ufer ruhigerer Flüsse, die verschiedenen Rohrsänger mit Schilf bewachsene Ufer, der Eisvogel braucht zum Bau seiner Nisthöhlen Steilufer und die Seeschwalben nisten auf breiten, sandigen Inseln in den Unterläufen der Flüsse. Nicht zu vergessen sind auch die Familie der Reiher, die unauffälligen Rallen und die große Gemeinschaft der Wasservögel, die vom winzigen Regenpfeifer bis zur imposanten Brandgans reicht.

Dieses idyllische Bild wird heute ein wenig gestört durch verschmutzte Flüsse mit begradigten oder von Staustufen unterbrochenen Flussläufen, die mit ihren betonierten Ufern eher Kanälen gleichen, Abwasser transportieren und deren Ausdünstungen mancherorts gefährlich sind. Manche sind praktisch schon tot, andere dem Tode geweiht und wieder andere mehr oder weniger stark geschädigt, aber kein Fluss auf diesem Planeten ist heute noch völlig intakt, nicht einmal der Amazonas. Und unsere europäischen Flüsse erinnern in ihrem Unterlauf eher an offene Kloaken als an das, was sie einmal waren.

Und dennoch: Die Natur gibt nicht auf, die Natur nimmt wieder Formen an, seit der Mensch sich bemüht, ihr zu helfen, durch Abwasserreinigung, Klärwerke usw. Nehmen wir als Beispiel Loire und Allier, deren Flussläufe nicht getrennt voneinander betrachtet werden können, da sie ein Ökosystem bilden. Stellenweise ähneln sie noch richtigen Flüssen, deren Entwicklung nur der Zeit und den Launen der Strömung unterliegt. Doch obwohl ihre sandigen Inseln Bäumen und Vögeln einen Lebensraum bieten, gehören sie entgegen allem Anschein immer noch zu den stark geschädigten Flüssen.

Gebirgiges Revier der Wasseramsel und der Gebirgsstelze

EISVOGEL

> ···→ *ALCEDO ATTHIS*

Körperlänge: 16 cm

Englisch: *Common Kingfisher*
Französisch: *Martin-pêcheur*

Spanisch: *Martin pescador común*
Italienisch: *Martin pescatore*

Beschreibung: Oberseite metallisch blau bis blaugrün, Unterseite kastanienbraun. Weiße Kehle und große weiße Halsseitenflecken unter den rotbraunen Ohrdecken. Langer, kräftiger schwarzer Schnabel. Sehr kurze Beine, beim Altvogel orangerot, beim Jungvogel dunkelbraun. Als Einzelgänger ist er oft allein zu sehen.

Lebensraum: Wasserläufe, tote Flussarme, Kanäle, Weiher und Seen.

Nahrung: Kleine Fische, Krebstiere und Wasserinsekten.

Verhalten: Er ist vor allem ein großer Individualist und Einzelgänger, der keinen Artgenossen in seinem Revier duldet, sodass es in der Balz zunächst zu aggressiven Verfolgungsjagden kommt. Nach der Paarbildung bieten sich beide Vögel dann zur Versöhnung kleine Beutetiere an. Das Foto oben scheint dem Text zu widersprechen, doch hier handelt es sich um Jungvögel. Man erkennt sie an den dunkelbraunen Füßen.

Zoogeografische Einordnung und Verbreitung

Paläarktisch, orientalisch und australisch. In ganz Deutschland verbreitet, aber selten. Fehlt im Hochgebirge.

ZWERGSEESCHWALBE

STERNA ALBIFRONS

Körperlänge: 24 cm
Spannweite: 52 cm

Englisch: *Little Tern*
Französisch: *Sterne naine*

Spanisch: *Charrancito*
Italienisch: *Fraticello*

Beschreibung: Klein und schlank. Kurze gelbe Beine, schwarze Kappe, weiße Stirn. Gelber Schnabel mit schwarzer Spitze. Abgehackter, aber geschickter Flug. Die europäische Unterart hat deutlich gelbe Füße, während sie bei der nordamerikanischen Unterart dunkler und braun meliert sind.

Lebensraum: Sand- und Kiesstrände, Ufer und Inseln von großen Flüssen.

Nahrung: Kleine Fische, kleine Krebstiere und Ringelwürmer (bis zu 97 %), Insekten. Rüttelt kurz vor dem Sturzflug.

Verhalten: Abgehackter, aber geschickter und manchmal sehr schneller Flug. Die Zwergseeschwalbe ist sehr agil und steht selten still. Sie stürzt sich mit unglaublicher Wucht ins Wasser, dessen Oberfläche sie heftig durchschlägt. Als Langstreckenzieher überwintert sie an den afrikanischen und madagassischen Küsten.

Zoogeografische Einordnung und Verbreitung

Weltweit verbreitet, von Eurasien und Nordafrika bis Südostasien, Teilen Australiens, Teilen Afrikas und Amerikas. In Deutschland nur sehr selten im Bereich der Küsten und an Binnengewässern.

UFERSCHWALBE

⤳ RIPARIA RIPARIA

Körperlänge: 12 cm

Englisch: *Sand Martin*
Französisch: *Hirondelle de rivage*

Spanisch: *Avión zapador*
Italienisch: *Topino comune*

⤇ **Beschreibung:** Kleine Schwalbe mit relativ kurzem, nur schwach gegabeltem Schwanz. Oberseite gleichmäßig dunkelbraun. Unterseite weiß mit braunem Band über der Vorderbrust.

⤇ **Lebensraum:** Offene Landschaften mit Flüssen und Weihern.

⤇ **Nahrung:** Insekten. Fängt alle Arten von Fluginsekten dicht über der Wasseroberfläche oder auch in großer Höhe.

⤇ **Verhalten:** Als sehr geselliges Tier, das nicht gern allein ist, brütet sie in großen Kolonien. Dazu gräbt sie Röhren in lose Felswände, Sandgruben oder Steilufer von Wasserläufen. Als Langstreckenzieher macht sie sich ab September auf, um die kalte Jahreszeit in Ostafrika zu verbringen. Ab April wird sie dann wieder bei uns gesichtet.

GEBIRGSSTELZE

> → *MOTACILLA CINEREA*
> **Englisch:** *Grey Wagtail*
> **Französisch:** *Bergeronnette des ruisseaux*
>
> **Körperlänge:** 18-19 cm
> **Spanisch:** *Lavandera cascadeña*
> **Italienisch:** *Ballerina gialla*

Beschreibung: Elegant. Sehr langer schwarzer Schwanz mit weißen äußeren Steuerfedern. Gelbe Unterschwanzdecken. Unterseite im Sommer gelb, im Winter weißlich grau. Oberseite bläulich grau. Das Männchen trägt im Sommer eine schwarze Kehle (im Winter weiß) und einen weißen Unter- und Überaugenstreif. Das Weibchen hat eine weiß-graue Kehle und einen blasseren Überaugenstreif.

Lebensraum: Liebt schnell fließende, klare Fließgewässer. Lebt vorzugsweise in Hügel- und Berglandschaften, aber auch in der Ebene an kleinen Bächen, sofern sie nicht verschmutzt sind.

Nahrung: Wasser- und Ufertiere wie Insekten und deren Larven, Würmer.

Verhalten: Sie ist die schmalste, schlankste und agilste unter den Stelzen. Umgangssprachlich auch als Wippschwanz bezeichnet, denn ihr langer Schwanz wippt ständig auf und ab. So hält sie das Gleichgewicht, wenn sie auf der Jagd nach einem Insekt von Stein zu Stein hüpft, den Wellen ausweicht und graziös im seichten Wasser watet. Teilzieher, zieht im Winter bis nach Kenia.

Zoogeografische Einordnung und Verbreitung

Paläarktisch. Ganz Europa. Bei uns vor allem im Bergland verbreitet, aber nirgends häufig. In den östlichen Landesteilen seltener.

Küstengebiete

Unter Küstengebieten verstehen wir Küsten aller Art – ob Felsen- oder Sandküste oder beides abwechselnd, ob Steilküste oder sanft abfallender Strand – sowie Flussmündungen. Auf diesem schmalen Streifen Land unterliegen Biotope und Lebensräume nicht nur den ohnehin komplexen und vielfältigen Bedingungen eines jeden Ökosystems, sondern je nach der Wirkung der Gezeiten auch mehr oder weniger stark maritimen und terrestrischen Einflüssen. Durch diesen ständigen Austausch und diese Verschiedenartigkeit entsteht eine nahezu unvergleichliche Artenvielfalt und pulsierendes Leben. Aber gerade durch diese Vielfalt und diese extrem hohe biologische Produktivität hat jede noch so geringe Veränderung des Gleichgewichts, jeder noch so geringe mutwillige oder schädliche Eingriff verheerende Auswirkungen.

Wir wollen hier gar nicht auf die Folgen der diversen Ölkatastrophen zurückkommen, die regelmäßig diese oder jene Küste unseres Planeten zerstören. Und leider werden beim Kampf gegen solche Plagen häufig die Schäden, die das Öl anrichtet, noch vergrößert bzw. weitere hinzufügt.

So schädigen zum Beispiel oft die nach dem Untergang von Öltankern zur Reinigung der Küste eingesetzten Bulldozer und Lastwagen das empfindliche Milieu der Dünen nachhaltig. Es dauert Jahre, bis sich das ökologische Gleich-

Felsenküsten und kleine Inseln sind die bevorzugten Lebensräume der Alke, Möwen und Kormorane. Aber auch Strandpieper, Alpenkrähe, Felsentaube, Kolkrabe und Wanderfalke fühlen sich dort zu Hause.

gewicht wieder einstellt – wenn die vorherrschenden Winde und die Stürme der Natur überhaupt die Zeit dazu lassen.

Genauso kann ein verschmutzter Fluss seiner Aufgabe nicht mehr gerecht werden, die maritimen Ökosysteme der Küste zu beleben. Seine mit Schlamm und Schwermetallen belasteten Fluten vergiften seine Mündung, und die Strömung treibt die tödliche Fracht weit ins Meer hinaus. In den Tropen wiederum kann ein zerstörter Mangrovenwald die Schwemmstoffe der Flüsse nicht mehr herausfiltern. So können die sich auf den angrenzenden Korallenriffen absetzen und eine katastrophale Verschlammung zahlreicher Buchten verursachen, in denen in der Folge jegliches Leben erlischt.

Doch trotz ihrer Sensibilität bietet die Küste zahlreichen Vögeln einen Lebensraum, die dort das ganze Jahr über ein reiches Nahrungsangebot finden. All die kleinen Singvögel aus den Feuchtgebieten sind auch an den Ufern der Küstenweiher und in der damit einhergehenden Sumpfvegetation vertreten. Sand- und Schlickbänke sind die Heimat der Watvögel, die hier nach Nahrung suchen. In den Dünen finden ganze Kolonien von Seeschwalben und Lerchen Zuflucht. Felsenküsten sowie einzelne Felsen in Küstennähe sind ideale Brutplätze für Seevögel wie Alke, für die meisten Möwen wie die Dreizehenmöwe, für Tölpel, Kormorane, Sturmschwalben und Sturmtaucher, aber auch für Felsentauben, Kolkraben, Alpenkrähen, Wanderfalken, Strandpieper und viele mehr.

Wo sich die Wogen des Ozeans am Strand brechen, finden die Vögel einen stets gedeckten Tisch. Oft drängen sich hier zahlreiche Watvögel, und für Möwen gibt es immer einen Leckerbissen zu ergattern.

PAPAGEITAUCHER

> ⤳ *FRATERCULA ARCTICA* **Körperlänge:** 26-29 cm
>
> **Englisch:** *Atlantic Puffin* **Spanisch:** *Frailecillo atlántico*
> **Französisch:** *Macareux moine* **Italienisch:** *Pulcinella di mare*

Zoogeografische Einordnung und Verbreitung

Holarktisch. Rund ums Nordpolarmeer. Bis in den Süden Nordeuropas. Frankreich stellt die südliche Grenze seines Verbreitungsgebiets dar.

→ **Beschreibung:** Großer, runder Kopf mit breiter weißer Wangenzeichnung und schwarzem Brustband. Der im Profil etwa dreieckige Schnabel ist extrem hoch, aber sehr schmal und ist zur Brutzeit rot, gelb und blau gefärbt. Kurze, kräftige orangerote Beine.

→ **Lebensraum:** Lebt auf dem offenen Meer. Kommt nur zum Brüten auf mit Gras bewachsene Klippen an Küsten oder auf kleine Inseln.

→ **Nahrung:** Ernährt sich von Krebsen und anderen Meerestieren sowie kleinen Fischen (Sandaale), die er beim Tauchen im Meer erbeutet.

→ **Verhalten:** Brütet in bis zu 1 m tiefen Erdhöhlen, die er an den Oberkanten von Klippen gräbt oder von Wildkaninchen übernimmt. Das einzige Junge wird etwa fünf Wochen von den Eltern gefüttert. Dann fliegt oder stürzt es von der Klippe ins Meer. Dort findet es seine Eltern wieder, die ihm beibringen, Fische zu fangen. Die französischen und britischen Populationen ziehen nach der Brutzeit auf den Nordatlantik.

HERINGSMÖWE

⇢ *LARUS FUSCUS*

Englisch: *Lesser Black-backed Gull*
Französisch: *Goéland brun*

Körperlänge: 51-61 cm
Spannweite: 125-140 cm
Spanisch: *Gaviota sombria*
Italienisch: *Zafferano*

➔ Beschreibung: Größe und Flugweise ähnlich der bekannteren Silbermöwe, von der sie sich aber durch die schiefergraue Färbung von Oberseite und Flügeln unterscheidet. Weiße Flügelspitzen. Gelbe Beine. Das Jugendkleid der einjährigen Jungvögel ist von dem der Silbermöwen praktisch nicht zu unterscheiden.

➔ Lebensraum: Sand- und Felsenküsten, grasbewachsene Klippen, küstennahe Wiesen und Meeresküsten.

➔ Nahrung: Fisch, ob ganz oder in Form von Abfällen, macht 26-74 % der Nahrung aus. Auch Krebse, Weichtiere, Kleinsäuger, Vögel, Insekten, die in den Wiesen erbeutet werden. Gelegentlich auch Aas. Sucht aber keine Nahrung auf Müllhalden.

➔ Verhalten: Gesellig, aber auch kämpferisch wie die Silbermöwe, jedoch stärker als diese auf Meer und Fischfang fixiert. Folgt gern scharenweise Schiffen auf der Lauer nach Essensabfällen jeglicher Art. Plündert bei Gelegenheit auch Nester oder frisst Möwenjunge (wie alle Möwen).

Zoogeografische Einordnung und Verbreitung

West- bis nordwest-paläarktisch. Brütet von Nordwesteuropa bis Nord- und Mittelsibirien. Bei uns zum Teil an der Nordseeküste, an der Ostsee selten.

BASSTÖLPEL

> *MORUS BASSANUS* (Sula bassana)

Körperlänge: 87-100 cm   **Spannweite:** 165-180 cm
Englisch: *Northern Gannet*   **Spanisch:** *Alcatraz atlántico*
Französisch: *Fou de bassan*   **Italienisch:** *Sula bassana*

Zoogeografische Einordnung und Verbreitung

Atlantische Holarktis. Von manchen Autoren auch als weltweit verbreitet eingestuft. Das Verbreitungsgebiet der Hauptart erstreckt sich von Québec bis zu den Friesischen Inseln und südlich bis nach Frankreich.

Beschreibung: Altvögel gänzlich weiß mit schwarzen Handschwingen und orange-gelblichem Oberkopf und Hals. Schwarze Maske um Augen und Schnabel, schwarze Kinnlinie. Auffällige Linien auf den Zehen, beim Männchen gelbgrün, beim Weibchen blau. Einjährige Jungvögel vollständig dunkelbraun mit weißen Flecken.

Lebensraum: Rein maritim.

Nahrung: Ernährt sich zu 98 % von Fisch, zu 2 % von Tintenfischen.

Verhalten: Als sehr geselliges Tier brütet er in großen Kolonien auf kleinen Felsinseln oder Klippen. Stürzt spektakulär aus 15-50 m Höhe auf die Wasseroberfläche zu, legt im letzten Moment die Flügel eng an den Körper an und taucht pfeilschnell ins Wasser ein.

Dieser Altvogel polstert mit Algen sein Nest aus.

BRANDGANS

➞ *TADORNA TADORNA*

Körperlänge: 58-67 cm
Englisch: *Common Shelduck*
Französisch: *Tadorne de belon*

Spannweite: 110-133 cm
Spanisch: *Tarro blanco*
Italienisch: *Volpoca comune*

➡ **Beschreibung:** Gänsegroßer Entenvogel mit kontrastreicher Färbung: Kopf und Vorderhals schwarz, Halsbasis und Oberteil der Brust weiß, breites rotbraunes Brustband, Seiten und Bauch weiß, schwarzbraunes Bauchband, Unterschwanzdecken rotbraun. Schwarze Handschwingen, Außenfahnen der Armschwingen bronzegrün, der Schulterfedern rotbraun. Füße rosa, roter Höckerschnabel, der beim Männchen deutlich größer als beim Weibchen ist – wie beim Höckerschwan.

➡ **Lebensraum:** Schlickbänke in Flussmündungen oder an schlammigen Küsten, Sandküsten, Dünen, Lagunen, Salzsümpfe, salzige Steppengewässer, Heidelandschaft.

➡ **Nahrung:** Wirbellose Meerestiere, Algen und Wasserpflanzen.

➡ **Verhalten:** Nistplätze kolonienartig dicht beieinander. Gebrütet wird in Kaninchenbauen oder im Pflanzenbewuchs der Dünen. Die Jungen sind Nestflüchter und bilden regelrechte „Kindergärten". Schwimmt und planscht viel, geht gern zu Fuß.

Zoogeografische Einordnung und Verbreitung

Paläarktisch. Von Europa bis in die Steppen der gemäßigten Zonen Asiens und nach China. Brütet in Deutschland an Nord- und Ostseeküste, aber teilweise auch im Binnenland.

FLUSS-SEESCHWALBE

···› STERNA HIRUNDO

Körperlänge: 35 cm
Spannweite: 75 cm

Englisch: *Common Tern*
Französisch: *Sterne pierregarin*

Spanisch: *Charrán común*
Italienisch: *Sterna comune*

Zoogeografische Einordnung und Verbreitung

Holarktisch. Ganz Europa. Brütet in Deutschland an den Küsten, in den östlichen Bundesländern und an den großen Seen Süddeutschlands.

⊙ Beschreibung: Sehr schlank. Schwarzer Oberkopf, Mantel und Flügeloberseiten leicht bläuliches Grau, Bürzel weiß. Unterseite sehr blasses Grau, Unterschwanzdecken und Unterflügel weiß, ebenso Wangen und Hals. Kurze rote Beine, orangeroter Schnabel mit schwarzer Spitze, die im Schlichtkleid nicht zu sehen ist.

⊙ Lebensraum: Vorzugsweise Küsten und Küstengewässer, kleine küstennahe Inseln, Flussdeltas, breite Flussläufe und an Flüssen mit Kiesbänken.

⊙ Nahrung: Kleine Fische, kleine Krebstiere, Würmer und kleine Weichtiere.

⊙ Verhalten: Legen ihre Brutkolonien im Sand oder Kies oder zwischen Steinen an. Die westeuropäischen Populationen überwintern an den Küsten West- und Südafrikas bis nach Madagaskar und zu den Komoren, wo die Fluss-Seeschwalbe aber recht selten ist.

AUSTERNFISCHER

> *HAEMATOPUS OSTRALEGUS*   **Körperlänge:** 41–47 cm

Englisch: *Oystercatcher*   **Spanisch:** *Ostrero negro africano*
Französisch: *Huîtrier-pie*   **Italienisch:** *Beccaccia di mare*

Beschreibung: Der schwarz-weiße Austernfischer ist kaum zu verwechseln. Oberseite, Kopf, Hals und Brust schwarz, Unterseite weiß. Im Flug sieht man den schwarz-weißen Schwanz, den weißen Bürzel, die breite weiße Flügelbinde. Beine und Schnabel orangerot, Iris rot.

Lebensraum: Unter Gezeiteneinfluss stehende Felsenküsten, Inseln, Flussmündungen und Strände. Alle Küstengebiete und Schlickbänke.

Nahrung: Vor allem Weichtiere wie Miesmuscheln, Herzmuscheln, Napf-, Strand- und Wellhornschnecken. Außerdem kleine Krebstiere, Meereswürmer und Regenwürmer.

Verhalten: Gesellig und ruffreudig. Meisterhaft an den Verzehr von Meeresfrüchten angepasst: Die Muscheln werden am Rand aufgehämmert und dann der Schließmuskel durchtrennt. An der Atlantikküste ist der Austernfischer bei Niedrigwasser oft in Gesellschaft der Ringelgans (Branta bernicla) anzutreffen.

Zoogeografische Einordnung und Verbreitung

Paläarktisch. Drei Unterarten von Island bis zum Fernen Osten. Brütet in Deutschland an allen Küsten und zunehmend auch im Binnenland.

SÄBELSCHNÄBLER

⤑ *RECURVIROSTRA AVOSETTA*   **Körperlänge:** 42 cm

Englisch: *Pied Avocet*   **Spanisch:** *Avoceta común*
Französisch: *Avocette*   **Italienisch:** *Avocetta binaca e nera*

Zoogeografische Einordnung und Verbreitung

Alte Welt: paläarktisch, afrotropisch und orientalisch. In Deutschland an den norddeutschen Küsten, vor allem im Wattenmeer und im Marschland.

⊙ Beschreibung: Schwarz-weiß. Besonders charakteristisch sind der lange, dünne, aufwärtsgebogene schwarze Schnabel und die langen bläulichen Beine. Kopf und Nacken schwarz. Wangen und ganze Unterseite weiß. Oberseite schwarz-weiß.

⊙ Lebensraum: Schlickbänke, seichte Lagunen, Salzsümpfe, Sandbänke, Flussmündungen, also überall, wo es Schlick und mehr oder weniger salziges Wasser gibt.

⊙ Nahrung: Kleine Krebstiere, Wasserinsekten, Insekten- und andere Larven, die er im flachen Wasser erbeutet.

⊙ Verhalten: Säbelschnäbler schwimmen gut und gerne. Sie sind gesellig, aktiv, stets in Bewegung und sehr ruffreudig. Ihr Flug ist geradlinig, kräftig und schnell. Überqueren teilweise die Sahara und überwintern in den Feuchtgebieten des Senegal, Malis und des Tschad.

SANDREGENPFEIFER

CHARADRIUS HIATICULA **Körperlänge:** 19 cm

Englisch: *Common Ringed Plover* **Spanisch:** *Chorlitejo grande*
Französisch: *Grand gravelot* **Italienisch:** *Corriere grosso*

Beschreibung: Die typische kräftige Gestalt eines Regenpfeifers. Unterseite weiß, Oberseite graubraun. Weißes Halsband und breites schwarzes Brustband. Vorderer Teil des Kopfes schwarz-weiß, schwarze Kopfmaske, weißer Überaugenstreif. Gelborangefarbener Schnabel mit schwarzer Spitze, orange Beine.

Lebensraum: Unter Gezeiteneinfluss stehende Felsen- und Schlickküsten, kleine Felseninseln, sandige oder steinige Ufer, Dünen, Salzsümpfe, im arktischen Brutgebiet auch Tundra.

Nahrung: Kleine Weichtiere und Würmer, kleine Käfer.

Verhalten: Geselliger Vogel, sucht sich seine Nahrung aber lieber allein. Dann kann er durchaus aggressiv werden, beruhigt sich aber auch schnell wieder.

Zoogeografische Einordnung und Verbreitung

Holarktisch. Gebiete des Nordpolarmeers sowie Nordeuropa, Nordasien und Nordamerika. In Deutschland an der Nord- und Ostseeküste.

Hügel und Berge

Luftaufnahme des unteren Ossau-Tales in den Zentralpyrenäen. Gut zu sehen sind die verschiedenen Vegetationszonen. Durch solche Landschaftsformationen verlaufen die Zugrouten zahlreicher Zugvögel auf dem Weg nach Spanien oder Afrika.

Am Anfang erscheint dem Hobby-Ornithologen das Gebirge fast wie ein mythischer Ort. Hier leben seltene Arten im Schutz unzugänglicher Berggipfel und Täler oder auf Bergwiesen, die man erst nach stundenlangem Aufstieg erreicht. Das Gebirge ist das Reich des Königs der Lüfte, des imposanten Steinadlers. Doch das stimmt nur teilweise. Tatsächlich trifft man diesen Vogel in unseren Industrieländern nur noch im Gebirge an – weil er dort vor den Verfolgungen, denen er früher ausgesetzt war, seine letzte Zuflucht gefunden hat. Sein Nachbar ist dort übrigens der Kolkrabe, dem das gleiche Schicksal widerfahren ist. Doch der Steinadler könnte durchaus in der Ebene brüten, wenn man ihn nur ließe, denn in der Arktis lebt er in der Tundra. Das Gleiche gilt für den im Mittelmeerraum bzw. in Vorderasien lebenden Gänse- und Bartgeier, die beide von einer Art der Weidewirtschaft abhängig sind, die es nur noch in Gebirgsregionen gibt. Doch beherbergt das Gebirge auch einige weniger bekannte Arten, die sonst nirgendwo vorkommen, wie die Alpenbraunelle, den Bergpieper, den Zitronengirlitz, die Ringdrossel, den Schneefink, das Steinhuhn, das Alpenschneehuhn, das Birkhuhn und einige andere.

Allgemein werden Hügel und Berge in fünf Höhenstufen eingeteilt, deren Grenzen je nach geografischer Lage unterschiedlich sind. So beginnt die Einteilung an der schattig kühlen Nordseite bei einer geringeren Höhe als auf der sonnig warmen Südseite. Natürlich ist auch die Vegetation je nach Höhe unterschiedlich, und mit ihr ihre Bewohner.

Vergleicht man die Verteilung der Vegetation nach den Breitengraden (vom Nordpol bis zum Wendekreis des Krebses) und nach den Höhenstufen (von den Berggipfeln bis zum Meeresspiegel), so stellt man fest, dass die nivale Höhenstufe dem Packeis entspricht, die alpine Höhenstufe der Tundra, die subalpine Höhenstufe der Taiga, die montane Höhenstufe der gemäßigten Zone, die kolline Höhenstufe der Steppe und die planare Höhenstufe dem tropischen Regenwald (nach Wolcott, *Animal biology*, Mc Graw-Hill, 1946).

Dieser Vergleich hat seine Reize, aber er ist natürlich sehr schematisch und ignoriert die unendlichen klimatisch bedingten Variationen. Immerhin kann er das Verdienst für sich in Anspruch nehmen, eine recht realistische Vorstellung von der außerordentlichen Vielfalt der Flora und Fauna im Gebirge zu vermitteln. Denn er zeigt, dass diese auf nur 3-4 km Höhenunterschied eine ähnliche Verteilung aufweisen wie auf Tausenden von Kilometern in der Breite.

So trifft man den als nordischer Vogel geltenden Habicht auch in unmittelbarer Nähe des nördlichen Wendekreises in den Bergmischwäldern Mexikos an.

Ebenso brütet die Alpenbraunelle (*Prunella collaris*) auf Korsika in Höhen von 1800-2100 m, aber auch auf den subalpinen Wiesen der Vogesen in 1200 m Höhe, denn sie findet aufgrund des Klimas auch in dieser geringeren Höhe einen günstigen Lebensraum vor. Im Hochsommer trifft man sie sogar auf Hochebenen in Höhen um 1000 m an. Nichtsdestoweniger bleibt dieser Vogel ein typischer Gebirgsvogel, der nicht in der Ebene zu beobachten ist.

HÖHENSTUFEN UND VEGETATION

	Nordhang	Südhang
1 - Kolline und planare Höhenstufe	0–600 m	0–1000 m
2 - Montane Höhenstufe	600–1500 m	1000–1900 m
3 - Subalpine Höhenstufe	1500–2100 m	1900–2400 m
4 - Alpine Höhenstufe	2100–2800 m	2400–3100 m
5 - Nivale Höhenstufe	> 2800 m	> 3100 m

Pflanzengesellschaften der verschiedenen Höhenstufen

1 Nord- und Südhang: vorwiegend Laubwald und Rotföhre (immergrüner Hartlaubwald am Mittelmeer und winterkahler Laubwald in der gemäßigten Zone);

2 Nordhang: Buche, Tanne, Fichte; Südhang: Föhre, Buche, Lärche (Mischwald, Tannen-Buchenwald);

3 Nordhang: Fichte, Lärche; Südhang: Lärche, Hakenkiefer (Nadelwald);

4 Nordhang: Hakenkiefer, alpiner Rasen; Südhang: alpiner Rasen (alpine Matten);

5 Nord- und Südhang: Gestein, Flechten.

STEINADLER

⇢ *AQUILA CHRYSAETOS*

Körperlänge: 80-95 cm	**Spannweite**: 188-220 cm
Englisch: *Golden Eagle*	**Spanisch**: *Águila real*
Französisch: *Aigle royal*	**Italienisch**: *Aquila reale*

Zoogeografische Einordnung und Verbreitung

Holarktisch. Kommt mehr oder weniger vereinzelt von Westeuropa bis zum Pazifik vor. In Deutschland nur in den Alpen.

⟶ Beschreibung: Sehr groß und dunkel. Große, breite Flügel mit stark gefingerten Handschwingen. Relativ langer, breiter, leicht gerundeter Schwanz. Goldbrauner Kopf beim Altvogel. Jungadler sind an den breiten weißen Federpartien unter den Flügeln und der hellen Schwanzwurzel zu erkennen.

⟶ Lebensraum: In Mitteleuropa nur noch im Gebirge. Ursprünglich aber auch in weit offenen Landschaften mit hohen Bäumen, in Steppen, in Tundra und Taiga, an Felsenküsten und auf Hochebenen.

⟶ Nahrung: Äußerst unterschiedlich: von der Feldmaus bis zum Rehkitz und vom Watvogel bis zum Kranich (ausnahmsweise). Er kann jedoch keine Beute über 4 kg tragen. Bei Gelegenheit frisst er auch Aas.

⟶ Verhalten: Die Balzflüge sind atemberaubend. Die Vögel steigen senkrecht nach oben auf, gehen in den Sturzflug über, lassen sich steil nach unten fallen und schießen dann wieder nach oben.

HAUBENMEISE

> *PARUS CRISTATUS* — Körperlänge: 11 cm

Englisch: *Crested Tit* — **Spanisch:** *Carbonero Capuchino*
Französisch: *Mésange huppée* — **Italienisch:** *Cincia dal ciuffo*

Beschreibung: Sehr elegant und unverkennbar. Oberseite braun, Unterseite weißlich. Weißer Kopf mit schwarzem Halsband, dunkler Strich durch das Auge, der hinter dem Auge einen Haken nach unten bildet, schwarze Wangenumrahmung, schwarzer Kehlfleck und braunschwarz geschuppte weiße Haube, die angelegt werden kann.

Lebensraum: Vom Meeresspiegel bis zur Baumgrenze. Vor allem Nadelwälder, aber auch Mischwälder, Parks und Gärten. Liebt die Deckung und meidet freie Flächen. Schließt sich gern Tannen- und Weidenmeisen sowie Goldhähnchen an, mit denen sie sich ihre Lebensräume teilt.

Nahrung: Insekten und Larven, im Winter auch Nadelbaumsamen.

Verhalten: Immer aktiv und ständig in Bewegung. Brütet in natürlichen Höhlen, nimmt aber auch alte Spechthöhlen an.

Zoogeografische Einordnung und Verbreitung

Europa. Von Spanien bis zum Ural und von Nordskandinavien bis Griechenland. Nicht in Italien. Kleine britische Population in Schottland. In Deutschland in allen Regionen mit Nadelwäldern oder nadelholzreichen Mischwäldern.

WASSERAMSEL

---> *CINCLUS CINCLUS* **Körperlänge:** 17 cm

Englisch: *White-throated Dipper* **Spanisch:** *Mirlo acuático*
Französisch: *Cincle plongeur* **Italienisch:** *Merlo acquaiolo*

Zoogeografische Einordnung und Verbreitung

Paläarktisch. Ganz Eurasien, Nordwestafrika, Vorder- und Zentralasien. In Deutschland vor allem im Mittel- und Hochgebirge, fehlt in der Norddeutschen Tiefebene.

⊙ **Beschreibung:** Untersetzt und rundlich. Kurzer, oft aufgestellter Schwanz. Ziemlich große, kräftige schwärzliche Füße. Dunkelbraun mit großem weißem Brustlatz. Kopf mittelbraun, Rest des Körpers bis zum Bauch dunkelbraun bis schiefergrau. Zum Bauch hin ist der Brustlatz manchmal von einem rostbraunen Streif begrenzt.

⊙ **Lebensraum:** Schnell fließende Wasserläufe, Gebirgsbäche und kleine Wasserfälle. Im Winter manchmal auch in Meeresnähe oder an Seeufern. Da sie sehr auf klares, sauberes Wasser angewiesen ist, reagiert sie empfindlich auf Wasserverschmutzung.

⊙ **Nahrung:** Vor allem Insekten und deren Larven, kleine Krebs- und Weichtiere. So gut wie nie Fische.

⊙ **Verhalten:** Ein sehr aktiver Einzelgänger, der kaum einen Artgenossen in seinem Revier duldet. Jagt fliegend und sogar unter Wasser laufend, wobei sie ihre Flügel wie Ruder einsetzt. Sie kann aber auch wie ein Korken an der Wasseroberfläche schwimmen oder treiben.

KOLKRABE

> **CORVUS CORAX**

Englisch: *Common Raven*
Französisch: *Grand corbeau*

Körperlänge: 51-63 cm
Spannweite: 117-131 cm
Spanisch: *Cuervo común*
Italienisch: *Corvo imperiale*

Beschreibung: Größter europäischer Rabenvogel, einfarbig schwarz. Im Flug sind neben dem keilförmigen langen Schwanz die langen und in den Handschwingen deutlich verschmälerten Flügel kennzeichnend. Sehr großer, kräftiger Schnabel. Die Kehlfedern können aufgestellt werden. Der typische, oft im Flug ausgestoßene Ruf ist ein dumpfes *raok, raok*.

Lebensraum: Gebirgige Gebiete, Felsenküsten, kleine Felseninseln.

Nahrung: Allesfresser mit Tendenz zu Fleisch, speziell Aas. Frisst selbst erlegte Kleintiere, verschmäht aber auch Früchte, Körner und junge Triebe nicht. Im Meer erbeutet er Muscheln oder Fischabfälle.

Verhalten: Vom Charakter her ein geselliges Wesen. Als wirklicher Flugkünstler fliegt er oft einfach nur zum Spaß. Er kann sich im Flug seitlich abrollen, senkrecht aufsteigen und sogar auf dem Rücken fliegen. Der Kolkrabe lebt sein ganzes Leben in Einehe. In der Natur werden die Tiere etwa 20 Jahre alt, in Gefangenschaft können sie sehr viel älter werden.

Zoogeografische Einordnung und Verbreitung

Holarktisch. Ganz Europa, ein Großteil Asiens, Nordafrika, Nordamerika und Grönland. In Deutschland vor allem im Alpenvorland und in den Alpen sowie im Nordosten.

Mittelmeerraum

Diese karge lichte Buschlandschaft der Macchie vermittelt nur eine schwache Vorstellung von der üppigen Vegetation des Mittelmeerraums, eines der am stärksten geschädigten Ökosysteme unseres Planeten.

Die Grenzen des Mittelmeerraums werden nach weitverbreiteter Auffassung durch das Verbreitungsgebiet des Olivenbaums bestimmt. Man spricht daher auch von der Ölbaumgrenze. Rund um das Mittelmeer findet sich das gleiche typische Ökosystem, mit Ausnahme der Küsten des Nahen Ostens, Ägyptens und Libyens, die nichts anderes als Wüsten sind. Weniger bekannt ist, dass solche Ökosysteme auch in anderen Teilen der Welt anzutreffen sind. Tatsächlich findet sich das mediterrane Biom auch an der Südspitze Afrikas, im Süden Australiens und in leicht abgewandelten Formen auch in einigen Gebieten Kaliforniens und Nordmexikos, wo noch Millionen von Hektar Boden von Hartlaubstrauchformationen bedeckt sind. Das ist kein Wunder, denn klimatisch entspricht der Mittelmeerraum mit all seiner Komplexität und Vielfalt anderen gemäßigt warmen Zonen bis etwa 35° nördliche und südliche Breite, die langen Trockenperioden im Sommer sowie heftigen Regenfällen im Frühjahr und vor allem im Herbst unterworfen sind.

Zwei Arten von ursprünglicher Vegetation sind für den Mittelmeerraum charakteristisch: hartlaubige Eichenwälder und immergrüne Nadelwälder. Im gleichen Atemzug muss man aber auch sagen, dass diese großen mediterranen Wälder aufgrund des seit Jahrtausenden währenden menschlichen Eingriffs seit Langem nicht mehr existieren. Teils wurden sie abgeholzt, teils durch verheerende Waldbrände vernichtet. Ihnen folgten Gebüschformationen, die als Macchie und Garrigue bekannt sind. Auch die Chaparrales in Mittel- und Südamerika und ähnliche Formationen in Australien, in denen niedrig wachsende Eukalyptusarten (Mallee) dominieren, kann man mit zu diesen Vegetationstypen zählen. Sind Macchie und Garrigue schon Degradationsformen des ursprünglichen Pflanzenbewuchses, so verschwinden auch sie zunehmend durch Feuer oder Bulldozereinsatz und lassen das mediterrane Biom immer mehr einer Wüste oder Halbwüste gleichen. Tatsächlich wurde kaum ein Ökosystem vom Menschen so tief greifend und nahezu irreparabel geschädigt wie dieses.

Der Wald bedeckt im Mittelmeerraum heute nur noch 5 % seiner ursprünglichen Fläche. Dafür sind hauptsächlich drei Faktoren verantwortlich: erstens Brände, die den Wald seit frühgeschichtlicher Zeit verheeren, zweitens Rodung – häufig in ursächlicher Verbindung zu den Bränden – und drittens Überweidung. Auch wenn Macchie und Garrigue hübsch anzusehen sind und in der Blütezeit viele bestandsbildende Pflanzen einen besonders aromatischen Duft verströmen, so bleiben es doch Degradationsformen, die nur wenig Biomasse produzieren und weniger Tierarten einen Lebensraum bieten als der ursprüngliche Bewuchs. Außerdem kann die Garrigue den Boden nicht vor Erosion schützen. So wird er rasch abgetragen und der nackte Fels kommt zum Vorschein, was der zunehmenden Verwüstung Vorschub leistet.

EINE NUR SCHEINBAR NATÜRLICHE WÜSTE: DIE CRAU

Zwischen der Kalksteinkette der Alpilles zwischen Avignon und Arles und dem Binnensee Etang de Berre in der Nähe von Marseille erstreckt sich eine absolut flache Steinsteppe, die nur von vereinzelten Sträuchern und einigen wenigen Büschen bewachsen ist. Dieses ehemalige Flussdelta der Durance ist seit mehr als 12 000 Jahren ausgetrocknet und heute als die Crau bekannt. Durch große Grundstücke, wo Tausende von Schafen weiden, Militärgelände und Mülldeponien scheint diese Landschaft in großer Gefahr.

Doch seit dem 1. Januar 1997 ist sie durch die EU-Vogelschutzrichtlinie wie mehr als 100 andere Gebiete als Besonderes Schutzgebiet (BSG) ausgewiesen. Es war höchste Zeit, denn sie ist die einzige französische Brutstätte des Spießflughuhns (Pterocles alchata), dessen Verwandte in den Trockenzonen Afrikas leben. Auch andere gefährdete Arten wie die Zwergtrappe und der Triel kommen gerne zum Brüten und Überwintern hierher, und Feld- und Kalanderlerchen gibt es zuhauf. Neben anderen „Schmuckstücken" lässt sich hier auch die Blauracke bewundern, und selbst der sehr seltene, in Mitteleuropa vom Aussterben bedrohte Schwarzstirnwürger ist gelegentlich zu beobachten. Ebenso brütet hier noch der äußerst seltene Rötelfalke – aber wie lange noch, denn wie in anderen Ländern waren auch in Frankreich deutliche Bestandseinbußen zu verzeichnen.

Das Spießflughuhn-Weibchen unterscheidet sich vom Männchen durch die helle Kehle und die rotbraun und schwarz gesprenkelte Oberseite. Das Männchen hat eine schwarze Kehle und dafür eine durch gelblich-grüne Bereiche hellere Oberseite und einen genauso gefärbten Hals. Im Flug ähnelt das Spießflughuhn einer Taube mit spitzen Flügeln und spitz zulaufendem Schwanz. Die Tarnfarbe des Gefieders schützt die Vögel perfekt vor neugierigen Blicken, wenn sie auf ihrem Gelege hocken.

RÖTELFALKE

► *FALCO NAUMANNI*

Englisch: *Lesser Kestrel*
Französisch: *Faucon crécerellette*

Körperlänge: 26-33 cm
Spannweite: 60-66 cm

Spanisch: *Cernícalo primilla*
Italienisch: *Grillaio*

Zoogeografische Einordnung und Verbreitung

Paläarktisch. Vereinzelte Vorkommen in Südeuropa von der Iberischen Halbinsel bis nach Griechenland. In Asien vom Nahen Osten bis nach Nordchina. Ebenfalls in den Maghreb-Staaten. In Mitteleuropa ausgestorben.

⊙ Beschreibung: Sieht aus wie ein kleiner Turmfalke, nur viel farbiger, vor allem das Männchen, dessen Kopf, Schwingen und Schwanz schiefergrau sind, während die Oberseite rotbraun ist.

⊙ Lebensraum: Kalksteinanhäufungen, wärmebegünstigte Landschaften, halbtrockene Steppen, oft in der Nähe von Schafherden.

⊙ Nahrung: Hauptsächlich Insekten (90-100 % seines Speiseplans), doch jagt er, wie das Foto zeigt, gelegentlich auch kleine Eidechsen.

⊙ Verhalten: Gesellig und ruffreudig. Auch die Gegenwart des Menschen scheut der Rötelfalke nicht und lässt sich gern in Dörfern und kleinen Städten blicken. Jagt aus geringer Flughöhe und fängt die Insekten mit den Klauen. Zieht in Etappen bis ins südliche Afrika.

BIENENFRESSER

→ *MEROPS APIASTER* **Körperlänge:** 27 cm

Englisch: *European Bee-eater* **Spanisch:** *Abejaruco europeo*
Französisch: *Guêpier d'Europe* **Italienisch:** *Gruccione europeo*

→ **Beschreibung:** Kinn und Kehle leuchtend gelb, schmales schwarzes Halsband, Unterseite blau bis blaugrün. Oberseite kastanienbraun und gelb, Flügel und Schwanz bläulich grün. Rostbraune Kappe, weiße Stirn, schwarzer Augenstreif über einem roten Auge.

→ **Lebensraum:** Offene Landschaften mit einzelnen Bäumen und Büschen. Lichtungen großer Wälder. Nistet sogar in aufgelassenen Sandgruben.

→ **Nahrung:** Ausschließlich Insekten, ist dadurch von Fluginsekten abhängig: Hautflügler (Bienen, Wespen, Hummeln), deren Stiche ihm nichts ausmachen, Käfer, Zweiflügler (Fliegen, Mücken), Libellen, Schmetterlinge usw.

→ **Verhalten:** Sehr geselliger Koloniebrüter. Gräbt seine Niströhre in den weichen Boden von Klippen oberhalb von Flussläufen oder von Sandgruben. Fliegt mit raschen Flügelschlägen, die immer wieder von Gleitphasen unterbrochen werden. Dabei stößt er seinen typischen wohltönenden Ruf aus.

Zoogeografische Einordnung und Verbreitung

Paläarktisch. Von den Küsten und Inseln des Mittelmeers bis nach Westsibirien, dem Iran und dem Irak. Brütete in Deutschland ursprünglich nur am Kaiserstuhl, inzwischen aber z. B. auch im Saalekreis in Sachsen-Anhalt.

BLAURACKE

CORACIAS GARRULUS

Englisch: *European Roller*
Französisch: *Rollier d'Europe*

Körperlänge: 30 cm

Spanisch: *Carraca europea*
Italienisch: *Ghiandaia marina europea*

Zoogeografische Einordnung und Verbreitung

Paläarktisch (zentralasiatisch-mediterran). Ursprünglich aus dem Osten kommend, geht sie in Westeuropa zurück und kommt nur noch im Mittelmeerraum vor. In Deutschland als Brutvogel ausgestorben.

Beschreibung: Etwa so groß wie ein Eichelhäher, aber bei gutem Licht nicht zu verwechseln. Türkisblaue Färbung mit zimtbraunem Rücken. Die Flügel schillern violettblau, im Flug ist der schwarze Flügelhinterrand sichtbar.

Lebensraum: Offene Landschaften mit vereinzelten Bäumen und alte Wälder; Ruinen, Baumgruppen, Brachland, Garrigue, landwirtschaftlich genutzte Flächen.

Nahrung: Auf große Insekten spezialisiert (Käfer und Schrecken), jagt aber auch Kleinstsäuger und kleine Vögel, wenn es an Insekten mangelt.

Verhalten: Charakteristisch sind die Pirouetten, die das Männchen beim Balzflug vollführt. Hoch in der Luft steigt es in Schraubenlinien oder senkrecht auf, macht Kehrtwendungen und Sturzflüge, bei denen es sein Gefieder in voller Schönheit zeigt. Zieht schon im August nach Ostafrika.

SAMTKOPF-GRASMÜCKE

→ *SYLVIA MELANOCEPHALA*   **Körperlänge:** 13 cm

Englisch: *Sardinian Warbler*   **Spanisch:** *Curruca de cabeza negra*
Französisch: *Fauvette mélanocéphale*   **Italienisch:** *Occhiocotto*

→ **Beschreibung:** Der Kopf des Männchens ist schwarz bis unter die Augen, die Kehle weiß. Leuchtend roter Augenring. Oberseite und Flanken grau, Unterseite weiß. Der Schwanz ist schwärzlich mit weißem Rand. Das Weibchen ist überwiegend braun mit braun-grauem Kopf.

→ **Lebensraum:** Steineichenwälder, aber vor allem Macchie und Garrigue mit Kermeseichen, Rosmarin, Kreuzdorn, Mastixbäumen; dichte, buschige Hecken. Sucht allgemein dichtes Gebüsch. Kommt auch in Gärten.

→ **Nahrung:** Vor allem Insekten, verschmäht aber auch Früchte (Feigen, Kirschen u. a.) und bestimmte Samen (Spindelbaum) nicht.

→ **Verhalten:** Wie die meisten Grasmücken hört man sie häufiger, als dass man sie sieht. Manchmal ist ein singendes Männchen zu sehen, taucht aber sofort wieder in die Deckung ein. Als Strichvogel und Teilzieher überwintert sie teilweise in der Sahara.

Zoogeografische Einordnung und Verbreitung

Paläarktisch (zentralasiatisch-mediterran). Ihr Verbreitungsgebiet entspricht dem mediterranen Biotop und wird durch die Wachstumsgrenze der Steineiche begrenzt. Mittelmeerraum einschließlich der Mittelmeerinseln.

Urbane Gebiete

Bis Mitte des 20. Jahrhunderts war es relativ einfach, den Lebensraum „Stadt" zu definieren, zumindest in Europa (in den USA gab es ja damals schon Megastädte). Ein bisschen schematisch dargestellt, war das eine Stadt und ihre Vororte, also ein stark bebautes Zentrum mit mehr oder weniger Grünflächen, um das herum sich kleine Siedlungen befanden, die nichts anderes waren als ehemalige Dörfer in Stadtnähe. Zwischen der Stadt und ihren Vororten hatten Parks, Nutz- und Ziergärten, kleine Wäldchen, Brachen, ja sogar bewirtschaftete Felder ihren Platz. Doch seit in der zweiten Hälfte des 20. Jahrhunderts die Urbanisation von den Städten Besitz ergriffen hat, sieht das anders aus. Zwar bleibt der historische Stadtkern unangetastet, aber das urbane Geflecht hat Brachen, Baumgruppen, Felder, Gärten und Wäldchen überwuchert. Die Vororte sind keine Vororte mehr, sondern ständig wachsende Vorstädte, und ein immer engeres Labyrinth von Straßen, manchmal sogar auf mehreren Ebenen, hat die Wege ersetzt. In manchen Gegenden ist gar kein Land mehr zwischen den einzelnen Städten, sondern sie grenzen direkt aneinander und bilden zusammenhängende Ballungsgebiete.

Die Stadt hat sich ausgebreitet und wuchert immer weiter. Mit diesem Phänomen beschäftigen sich Soziologen, Urbanisten, Landschaftsarchitekten und seit Kurzem auch Naturwissenschaftler, die die Stadt als ein eigenes Ökosystem ansehen, mit horizontaler und vertikaler Zonierung und komplexen gegenseitigen Abhängigkeiten.

Diese unpersönliche Ansicht der Hochhäuser von La Défense in Paris zeigt die Ungastlichkeit der modernen Stadt gegenüber frei lebenden Tieren. Nur einige Tauben fühlen sich in dieser Umgebung wohl, und vor nicht allzu langer Zeit hat hier ein Turmfalke Quartier bezogen. Wenn die Stadt also nur Beton und Glasfassaden zu bieten hätte, würden hier wenige Vögel leben. Doch mitten in der Wüste bilden Parks und Alleen Oasen für zahlreiche Arten.

Ist die Stadt einerseits der Lebensraum des Menschen, so beherbergt sie doch auch zahlreiche Tierarten. Denn für viele Tiere und vor allem für viele Vögel ist die Stadt die letzte Zuflucht. Hier finden sie Wohnung und Schutz im Übermaß. So sehen einige Experten die Stadt als ein riesiges künstliches Brutgebiet. Sie

bietet vielen anpassungsfähigen Arten ein Refugium, die aus ihren natürlichen Lebensräumen vertrieben worden sind. Nach Einschätzung des britischen Ornithologen Chris Mead geht es den Vögeln in der Stadt besser als auf den Feldern. Wenn auf den Feldern Häuser mit Gärten stünden, würden sich dort auch wieder Vögel sehen lassen. Das erscheint relativ offensichtlich, denn die heutigen Felder sind meist riesige Anbauflächen mit Monokulturen, die der massive Einsatz von Chemie zu für Tiere unbewohnbaren Wüsten gemacht hat.

In Berlin brüten heute knapp 140 Vogelarten, in München etwa 112. Im niederbayerischen Gäuboden, einer Region mit intensiver Landwirtschaft, finden sich dagegen nur noch 45 Brutvogelarten. Auch die Häufigkeit der Vögel hat in Großstädten im Vergleich zum Land deutlich zugenommen. So finden sich nach Hochrechnungen in München rund zwei Millionen Vögel und in Berlin vermutlich mehr als fünf Millionen. Und im Winter zählt man beispielsweise in München zehnmal so viele Vögel und dreimal so viele Vogelarten

wie im Naturschutzgebiet Isarauen südlich der Stadt (nach Reichholf, J. H.: Stadtnatur. Eine neue Heimat für Tiere und Pflanzen. Oekom Verlag München, 2007).

Das Fazit dieser Betrachtungen: Wären Städte nur ein Konglomerat von Bauwerken aus Beton und Stahl, würden nur wenige Tierarten überleben, außer den ursprünglich fels- und höhlenbewohnenden Arten, wie der Mauersegler oder die von der Felsentaube abstammende Stadttaube, oder Kulturfolger wie der Sperling. Doch ein paar grüne Flecken, ein Fluss, der die Stadt durchquert, Parks und viele Gärten sind Anziehungspunkte für Vögel und eine Einladung, sich dort niederzulassen.

Darüber hinaus bietet die Stadt noch einen weiteren großen Vorteil für Tiere: Sie sind dort relativ sicher, denn hier wird nicht gejagt. Das scheint besonders Füchsen, Mardern und Ringeltauben zu gefallen. Dennoch sollte man nicht vergessen, dass die Stadt nur für eine einzige Spezies auf der Welt der natürliche Lebensraum ist: für den Menschen.

HAUSSPERLING

····> *PASSER DOMESTICUS*   **Körperlänge:** 14,5 cm

Englisch: *House Sparrow*   **Spanisch:** *Gorrión doméstico*
Französisch: *Moineau domestique*   **Italienisch:** *Passera europea*

⊙ **Beschreibung:** Weibchen und Junge bräunlich grau, auf der Unterseite heller als auf der Oberseite, mit hellem Überaugenstreif. Das Männchen ist farbiger, aber immer noch recht unauffällig. Der bleigraue Scheitel, die hellgrauen bis weißlichen Wangen, der mehr oder weniger ausgedehnte schwarze Brustlatz, der auf der Brust in Grautönen endet, der kastanienbraune Hinterkopf und Nacken verdienen eine gewisse Aufmerksamkeit. Die Unterseite ist aschgrau, die Flügeloberseite braun mit schwarzen Längsstreifen; kleine weiße Flügelbinde, graubrauner Rücken. Eine Unterart ist Passer domesticus italiae, der z. B. auf Korsika anzutreffen ist. Beim Männchen ist der Scheitel kastanienbraun und nicht grau. Die Wange ist reiner weiß und der Brustlatz etwas kleiner. Weibchen und Junge unterscheiden sich praktisch nicht vom Haussperling.

⊙ **Lebensraum:** Bebautes Land in der Nähe von Häusern, Bauwerken, Städten.

Nahrung: Allesfresser. Liebt Getreide, aber auch Früchte und Beeren aller Art, verschiedene Insekten, Larven, Reste menschlicher Nahrung und vieles mehr. So, wie er früher Pferdeäpfel inspiziert hat, als Pferde noch die Oberhand auf unseren Straßen hatten, sucht er heute im Sommer den Kühlergrill von Autos nach toten Insekten ab.

Verhalten: Er ist überaus opportunistisch und ein sehr liebenswerter Kulturfolger. Er ist frech, aber vorsichtig. So kann es passieren, dass er bis auf den Teller kommt. Dabei ist er aber immer auf der Hut und stets bereit zur Flucht. Er ist gesellig, aber immer streitlustig und brütet in kleinen Kolonien, die Abstand voneinander wahren. In der Balz hüpft das Männchen mit hängenden Flügeln und aufgeplustertem Gefieder um das Weibchen und den Nistplatz herum.

Zoogeografische Einordnung und Verbreitung

Fast überall auf der Welt anzutreffen. Wurde schon im Neolithikum zum Kulturfolger, als der Mensch sesshaft wurde und mit dem Ackerbau begann. Fehlt nur in den großen Sand- und Eiswüsten und im Herzen der noch unberührten großen Tropenwälder, d. h. nur in den wenigen Gebieten, die vom Menschen noch nicht kolonisiert wurden.

FELSENTAUBE

⋯➤ *COLUMBA LIVIA*

Körperlänge: 32 cm

Englisch: *Rock Pigeon*
Französisch: *Pigeon biset*

Spanisch: *Paloma bravia*
Italienisch: *Piccione selvatico*

➔ **Beschreibung:** Typischerweise blaugrau, auf der Unterseite etwas dunkler, mit grünlich- und rötlich-violett schimmernder Färbung an den Seiten des Halses. Weißer Bürzel. Rote Iris und ebensolche Füße. Endbinde am Schwanz und doppelte Binde über den Flügeln, alle schwarz. Die einheimischen Formen weisen eine außergewöhnlich breite Palette verschiedener Gefiederfärbungen von ganz weiß bis ganz schwarz auf, wobei sie dennoch bestimmte Phänotypen bilden.

➔ **Lebensraum:** Felsklippen an der Meeresküste, Schluchten. In der Stadt alle Arten von Gebäuden, die Schutz bieten.

➔ **Nahrung:** Eigentlich ein Körnerfresser, aber in der Stadt mit Tendenz zum Allesfresser. Ist von den zahlreichen verschiedenen Abfällen der Stadt abhängig und passt sich bewundernswert der

Entwicklung menschlicher Ernährungsgewohnheiten an: Manche fressen sogar Pommes frites.

Verhalten: Sowohl die wilden Felsentauben als auch ihre städtischen Verwandten sind gesellige Standvögel. Die künstliche Beleuchtung, die Wärme in den Städten, die die Abfolge der Jahreszeiten weniger spürbar macht, sowie die überreichliche Nahrung führen zu einer starken Vermehrung. Das ist einer der Gründe, warum alle großen Städte weltweit Programme zur „Geburtenkontrolle" der Stadttauben aufgelegt haben, ohne sie jedoch ausrotten zu wollen.

Zoogeografische Einordnung und Verbreitung

Paläarktisch und orientalisch. Auf der ganzen Welt eingebürgert. Die Stammform lebt in Nordafrika und von Westeuropa und dem Mittelmeerraum über Indien und Sri Lanka bis nach China. Weil sie über weite Strecken nach Hause finden kann, wurde die Felsentaube schon früh als Brieftaube genutzt. Die Felsentaube ist deshalb der Vorfahr aller Haustauben. In Europa kommen wilde Felsentauben heute nur noch in Gebirgsregionen vor, die meisten Tauben, die man zu sehen bekommt, sind verwilderte Zuchtformen der Felsentaube.

BUCHFINK

→ *FRINGILLA COELEBS* **Körperlänge:** 15 cm

Englisch: *Chaffinch* **Spanisch:** *Pinzón común*
Französisch: *Pinson des arbres* **Italienisch:** *Fringuello comune*

Zoogeografische Einordnung und Verbreitung

Europäisch (westpaläarktisch). Ganz Europa, Iran und Kaukasus bis zum Jenissei. Ganz Deutschland, wo er zusammen mit dem Stieglitz, dem Girlitz, dem Grünling und dem Haussperling zu den häufigsten Singvögeln zählt.

→ **Beschreibung:** Das Weibchen ist gleichmäßig grünlich-braun, an der Unterseite heller als an der Oberseite. Beim Männchen ist die Unterseite weinrot, die Oberseite rotbraun und der Bürzel grünlich; Oberkopf, Nacken und Halsseiten sind blaugrau. Bei beiden Geschlechtern sind die Schultern weiß und der Schwanz schwärzlich mit weißen Kanten.

→ **Lebensraum:** Überall, wo es Bäume gibt, ob in den Bergen, auf dem Lande oder in der Stadt, wo er in Parks und Gärten lebt.

→ **Nahrung:** In erster Linie Körnerfresser, aber mit Tendenz zum Insektenfresser in der schönen Jahreszeit und während der Aufzucht von Jungen.

→ **Verhalten:** Sein wohlklingender Gesang ist schon ab Februar zu hören. Als liebenswerter Geselle ist er gerne unter seinesgleichen und anderen kleinen Finken, mit denen er im Winter in großen Scharen auftritt. Doch auch innerhalb der Gruppe bewahrt er sich sein eigenes kleines Reich. Dieses Verhalten tritt stärker in der Brutzeit zutage, wo er großen Wert auf sein eigenes Revier legt. Stößt einen trillernden Ruf aus.

TURMFALKE

···➤ *FALCO TINNUNCULUS*

Körperlänge: 31-38 cm   **Spannweite:** 69-82 cm
Englisch: *Common Kestrel*   **Spanisch:** *Cernícalo vulgar*
Französisch: *Faucon crécerelle*   **Italienisch:** *Gheppio comune*

➥ **Beschreibung:** Männchen: hellgrauer Kopf mit feinem schwarzem Bartstreif, gleichfalls hellgrauer Schwanz; Rücken und Flügeloberseiten rotbraun mit kleinen schwarzen Flecken; Unterseite hell cremefarben und leicht bräunlich gefleckt. Weibchen: einheitlich rotbraun ohne Grau; Unterseite gebändert und nicht gefleckt. Beide Geschlechter haben eine schwarze Schwanzendbinde.

➥ **Lebensraum:** Sehr unterschiedlich, in Abhängigkeit vom Vorkommen der Feldmäuse. In der Stadt auf Bauwerken oder Masten.

➥ **Nahrung:** In der Stadt jagt er hauptsächlich Haussperlinge, anderswo Feldmäuse, andere Kleinstsäuger und kleine Vögel.

➥ **Verhalten:** Ausgesprochener Reviervogel, wenn er brütet (in Türmen, Gebäuden, auf Masten usw.). Lässt dann niemanden in die Nähe seines Nistplatzes, den er scharf verteidigt. Jagt vom Ansitz aus oder in der Luft stehend mit weit gefächertem Schwanz und heftig schlagenden Flügeln, aus dem sogenannten Rüttelflug.

Zoogeografische Einordnung und Verbreitung

Alte Welt außer Australien. In ganz Europa. Überall in Deutschland zu finden.

STADTPARKS UND ZOOS

Viele junge Stadtbewohner, die nicht das Glück haben, ihre Stadt so oft verlassen zu können, wie sie möchten, haben die Möglichkeit, andere Vögel als Spatzen und Tauben zu beobachten, indem sie in Parks spazieren gehen oder auch den Zoo besuchen.

Große Zoos besitzen nämlich oft ausgedehnte Baumbestände und Dickicht aus Sträuchern. Beide bieten wild lebenden Vögeln eine Heimat und einen Ort absoluter Ruhe.

Außerdem profitieren sie von der Nahrung, die an die Zoobewohner verteilt wird, und finden neben Körnern aller Art auch zahlreiche Insekten, die sie zu ihrer Ernährung brauchen.

Der einzige Nachteil von Zoos für den Menschen ist der Eintrittspreis, doch ist der oftmals gar nicht so hoch. Und in Parks braucht man sogar gar nichts zu bezahlen.

Die größte Vielfalt an Vögeln wird man mit Sicherheit in Landschaftsparks im englischen Stil finden, denn dort ist die Vegetation abwechslungsreich und bietet viele Siedlungsmöglichkeiten. Ein Park im französischen Stil mit seinen breiten Kieswegen, seinen exakt geschnittenen Hecken und der geringen Zahl an Pflanzenarten ist im Vergleich dazu ein armseliges Refugium für Vögel, die von außerhalb zugeflogen sind. Und doch ist man selbst in solchen Parks überrascht, wie viele Vögel dort leben, sobald man nur einmal Augen und Ohren öffnet, um auch die flüchtigste Bewegung im Laub der Alleebäume wahrzunehmen und noch den leisesten Vogelschrei zu vernehmen.

Von allen Vögeln, die Baumstämme absuchen, ist der Kleiber der einzige, der kopfüber am Stamm herunterklettern kann, alle anderen müssen fliegen.

Der Buntspecht kommt gern in die Parks großer Städte (hier ein Männchen).

Gärten

Wer das Glück hat, ein Haus mit einem großen Garten zu bewohnen, kann mit seinem Einstieg in die Welt der Vögel gleich dort beginnen. Im Schnitt kann ein solcher Garten etwa 60 Brutvogelarten beherbergen, zu denen während des Vogelzugs und im Winter noch einige Gäste kommen können. Wie man sich vorstellen kann, gehören die weitaus meisten zu den Singvögeln, die auch zahlenmäßig die Oberhand haben. Das beginnt mit den allgegenwärtigen Amseln, Singdrosseln und Rotkehlchen, den Kohl- und Blaumeisen, den Buchfinken und den unvermeidlichen Haussperlingen, die in der Nähe des Menschen immer ihr Auskommen haben. Doch auch andere Vögel bevölkern den Garten und seine Umgebung: verschiedene Specht- und Taubenarten sowie einige Nachtgreifvögel, die aber schwerer zu beobachten sind.

BESTANDSAUFNAHME DER GARTENVÖGEL

Die folgende – naturgemäß unvollständige – Liste soll einen Eindruck von der Artenvielfalt vermitteln, die ein Garten mit ausreichendem Baumbestand beherbergen kann. Wir folgen dabei der 1991 von R. Howard und A. Moore aufgestellten Systematik und geben jeweils die bevorzugten Nistplätze zu jeder Vogelart an. Um die Sache nicht zu komplizieren, haben wir darauf verzichtet, die bei manchen Familien existierenden Unterfamilien anzugeben.

- Habichtartige (Accipitridae)
Sperber (*Accipiter nisus*); hohe Bäume.

- Falkenartige (Falconidae)
Turmfalke (*Falco tinnunculus*); hohe Bäume, Scheunen, Speicher.

- Tauben (Columbidae)
Halbwilde Felsentaube (*Columba livia*); alte Gebäude.
Hohltaube (*Columba oenas*); hohe alte Bäume, in Höhlen.
Ringeltaube (*Columba palumbus*); Bäume.

Die Mehlschwalbe ist leicht an ihrem weißen Bürzel zu erkennen. Als geselliges Herdentier brütet sie in Kolonien außen an Gebäuden und nimmt auch gerne speziell für sie bereitgestellte Kunstnester an.

Türkentaube (*Streptopelia deca-octo*); hohe Nadel- oder Laub-bäume, Dickicht.
Turteltaube (*Streptopelia turtur*); Dickicht, Dornhecken, Laubbäume.

- Kuckucke (Cuculidae)
Kuckuck (*Cuculus canorus*); abhän-gig von den Nistgewohnheiten der Wirtsvögel.

- Schleiereulen (Tytonidae)
Schleiereule (*Tyto alba*); Speicher, Scheunen, alte Gemäuer, Höhlen in hohen Bäumen.

- Eigentliche Eulen (Strigidae)
Waldohreule (*Asio otus*); dichte Hecken, Nadelbäume.
Zwergohreule (*Otus scops*); Baum-höhlen, dichte Hecken, alte Mau-ern, alte Baumstümpfe.

Waldkauz (*Strix aluco*); hohe Bäume, vor allem Laubbäume, alte Dächer, Scheunen usw.
Steinkauz (*Athene noctua*); alte Bäume mit einer Vorliebe für Weiden und Eichen, alte Baum-stümpfe dieser Arten, alte Mauern.

- Segler (Apodidae)
Mauersegler (*Apus apus*); Spalten in alten Mauern, unter Dächern.

- Spechte (Picidae)
Grünspecht (*Picus viridis*); hohe, alte Bäume.
Buntspecht (*Dendrocopos major*); hohe, alte Bäume.
Kleinspecht (*Dendrocopos minor*); hohe Bäume, besonders Ulmen, keine Nadelbäume.

Die Singdrossel trägt ihren Namen zu Recht. Sie singt mit der Amsel um die Wette.

- Schwalben (Hirundinidae)
Rauchschwalbe (*Hirundo rustica*); innen in Gebäuden, Ställen, Scheunen usw.
Mehlschwalben (*Delichon urbica*); Hausfassaden, unter Dächern, Vorbauten usw.

- Stelzen und Pieper (Motacillidae)
Bachstelze (*Motacilla alba*); Hecken, Dickicht, Bauwerke.

- Würger (Laniidae)
Neuntöter (*Lanius collurio*); niederes Buschwerk, dichte Hecken, Sträucher.

Raubwürger (*Lanius excubitor*); Büsche, Sträucher, Dorngewächse.

- Zaunkönige (Troglodytidae)
Zaunkönig (*Troglodytes troglodytes*); Dickicht, Holzhaufen, Büsche, dichte Hecken.

- Braunellen (Prunellidae)
Heckenbraunelle (*Prunella modularis*); Dickicht, dichte Büsche, Hecken.

- Drosseln (Turdidae)
Rotkehlchen (*Erithacus rubecula*); dichter Unterwuchs, Hecken, Dickicht; Nadel-, Laub- und Mischwald.
Nachtigall (*Luscinia megarhynchos*); sehr dichte Hecken, Unterwuchs.
Hausrotschwanz (*Phoenicurus ochruros*); Häuser, Ruinen, alte Mauern.

Gartenrotschwanz (*Phoenicurus phoenicurus*); Laubbäume.
Amsel (*Turdus merula*); Dickicht, Hecken, Efeu, Bäume.
Singdrossel (*Turdus philomelos*); hohe Bäume.
Misteldrossel (*Turdus viscivorus*); hohe Bäume.

– Grasmücken (Sylviidae)
Dorngrasmücke (*Sylvia communis*); Hecken, Brombeergestrüpp, Dickicht.
Mönchsgrasmücke (*Sylvia atricapilla*); Laub- und Nadelbäume, dichte Hecken, Dickicht.
Gartengrasmücke (*Sylvia borin*); Hecken, Büsche, Dickicht, Laubbäume.
Zilpzalp (*Phylloscopus collybita*); verschiedene Bäume, Gebüsch, lebende Hecken.
Wintergoldhähnchen (*Regulus regulus*); Nadelbäume.
Sommergoldhähnchen (*Regulus ignicapillus*); Nadelbäume, auch exotische Pflanzen, Zedern.

– Fliegenschnäpper (Muscicapidae)
Grauschnäpper (*Muscicapa striata*); Bäume, Dickicht in der Nähe von Bauwerken.

– Schwanzmeisen (Aegithalidae)
Schwanzmeise (*Aegithalos caudatus*); lebende Hecken, Dickicht, Laubbäume.

– Meisen (Paridae)
Sumpfmeise (*Parus palustris*); Laubbäume, Dickicht.
Tannenmeise (*Parus ater*); Dickicht, Mischwald.
Haubenmeise (*Parus cristatus*); vor allem Fichten.
Kohlmeise (*Parus major*); Hecken, Baumhöhlen oder Mauerspalten, Spalten unter Dächern, alte Nester, alte Briefkästen.
Blaumeise (*Parus caeruleus*); wie die Kohlmeise.

Die Haubenmeise sucht unsere Gärten im Winter auf.

– Kleiber (Sittidae)
Kleiber (*Sitta europaea*); alte Bäume, alte Mauern, alte Spechthöhlen.

– Baumläufer (Certhiidae)
Gartenbaumläufer (*Certhia brachydactyla*); hohe, alte Bäume, Mauerspalten.

– Ammern (Emberizidae)
Zaunammer (*Emberiza cirlus*); Weißdornhecken, Büsche in Trockengebieten.

– Finken (Fringillidae)
Buchfink (*Fringilla coelebs*); Bäume und Sträucher, Efeu.
Bergfink (*Fringilla montifringilla*); brütet nicht in Deutschland, aber fliegt im Winter in Scharen in bewaldete Gebiete ein und sucht auch gerne Gärten auf.
Girlitz (*Serinus serinus*); Büsche, Obstbäume, Dickicht.
Grünfink (*Carduelis chloris*); Laubbäume, Dornbüsche.

Kohlmeise

Stieglitz, auch Distelfink genannt (*Carduelis carduelis*); Bäume und große Sträucher.
Bluthänfling (*Carduelis cannabina*); Büsche, dichte Hecken.
Gimpel (*Pyrrhula pyrrhula*); Büsche, Sträucher, Bäume.
Kernbeißer (*Coccothraustes coccothraustes*); Büsche, Dickicht oder Kronenbereich hoher Bäume.

– Sperlinge (Passeridae)
Haussperling (*Passer domesticus*); überall, wo es Hohlräume gibt, unter Dächern, an Laternenpfählen, Leitungsmasten usw.
Feldsperling (*Passer montanus*); Höhlen in hohen Bäumen, Mauerspalten, manchmal unter Dächern, in alten Mehlschwalbennestern.

– Stare (Sturnidae)
Star (*Sturnus vulgaris*); Höhlen in hohen Bäumen und Mauerspalten. Anmerkung: Auf der Iberischen Halbinsel wird der Star durch den Einfarbstar (*Sturnus unicolor*) ersetzt, der nur im Winter schwach gefleckt ist.

– Pirole (Oriolidae)
Pirol (*Oriolus oriolus*); hohe Bäume mit einer Vorliebe für Pappeln und Espen, immer im Kronenbereich.

– Rabenvögel (Corvidae)
Eichelhäher (*Garrulus glandarius*); vorzugsweise Laubbäume, eventuell auch Kiefern, entweder in einer Höhle oder gegen eine Astgabel; auch hohe Hecken aus Baumheide.
Elster (*Pica pica*); Dornbüsche, Sträucher, Obstbäume usw.

Star

Dohle (*Corvus monedula*); Schorn-steine, alte Gemäuer, Baumhöhlen.
Saatkrähe (*Corvus frugilegus*); in Kolonien in hohen Bäumen. In Gärten im engeren Sinne selten, aber durchaus in Parks.
Aaskrähe (*Corvus corone*); hohe Bäume, andere hohe Objekte, wie Masten, Dächer, hohe, alte Mau-ern. In Europa gibt es zwei Unter-arten: die Rabenkrähe (*Corvus corone corone*) südwestlich der Elbe sowie die Nebelkrähe (*Cor-vus corone cornix*) nordöstlich der Elbe.

Diese Liste kann je nach geogra-fischer Lage und Art des Gartens variieren. Während man den Spros-ser fast nur in Norddeutschland findet, taucht der Halsbandschnäp-per nur in Süddeutschland in un-seren Gärten auf. Und in einem kleinen, dünn bepflanzten Stadt-garten werden sich weniger Arten einfinden als in einem großen Park mit dichtem Baumbestand.

Erst recht sind kleine, von Ligus-terhecken umgebene Rasenvier-ecke biologisch gesehen Wüsten, die nur Amseln, Spatzen, Tauben und Stare regelmäßig aufsuchen. Dagegen stellt selbst ein beschei-dener Garten, so er denn vernünf-tig mit verschiedenen Hecken und Sträuchern mit Beeren wie Holun-der sowie einigen Bäumen be-pflanzt ist, in der Nähe intensiv genutzter landwirtschaftlicher Flä-chen eine wirkliche Oase für die Vögel dar. Ein solcher Garten bie-tet zahlreiche Ersatzbiotope als Ausgleich für die durch die Flurbe-reinigung verloren gegangenen ursprünglichen Lebensräume. Man wird überrascht sein, eine Fülle von Arten zu entdecken, die man dort nie vermutet hätte.

AMSEL

> ⤏ *TURDUS MERULA*

Englisch: *Blackbird*
Französisch: *Merle noir*

Körperlänge: 25 cm

Spanisch: *Mirlo común*
Italienisch: *Merlo*

Dieser Amselvater hat gerade seinen Nachwuchs gefüttert (der Schnabel ist leer, aber noch schmutzig). Doch die hungrigen Jungen sind unersättlich. Ganz sicher ist die Amselmutter nicht weit und kommt gleich mit einem Schnabel voll Insekten oder einer saftigen Raupe angeflogen.

Zoogeografische Einordnung und Verbreitung

Paläarktisch. In ganz Europa anzutreffen außer in Nordskandinavien.

⤍ **Beschreibung:** Das ausgewachsene Männchen ist vollkommen schwarz. Der Schnabel ist gelb bis orange, die Augenringe sind gelb. Die Füße sind braun. Das ausgewachsene Weibchen ist an der Oberseite gleichmäßig dunkelbraun, an der Unterseite heller und leicht gefleckt. Der Schnabel ist braungelb bis gelblich, die Augenringe sind braun. Die Füße sind ebenfalls braun. Die Jungen gleichen dem Weibchen, nur der Schnabel ist dunkel und die Kehle weißlich. Männliche Jungvögel sind schwarz mit braunen Flügeln; ihr Schnabel ist bräunlich und wird nach und nach gelber, ihre Augenringe sind braun.

Die perfekten Proportionen der Amsel machen sie zu einer Referenz, mit der zahlreiche Vögel verglichen werden können, selbst wenn sie zu anderen Familien gehören. Die Amsel steht fest auf kräftigen Beinen, ihr Bauch und ihre Brust bilden mit der Kehle und dem Hals einen schönen gleichmäßigen Kreisbogen. Ihr nicht zu runder und nicht zu flacher Kopf mit der ausgeprägten

Stirn, ihr gleichmäßig geform- ter Rücken und ihr genau rich- tig proportionierter Schwanz machen das harmonische Ge- samtbild des Vogels perfekt.

→ **Lebensraum:** Vom Meeres- spiegel bis in 2000 m Höhe und in allen Ökosystemen zu Hause. Ursprünglich eher ein Waldvo- gel, wurde sie zum Kulturfolger und hat sich auch in Gärten und Parks angesiedelt.

→ **Nahrung:** Unterschiedlich. Insekten, je nach Jahreszeit auch Früchte. Sucht ihre Nahrung oft am Boden, wo sie durch ihre guten Augen und ihr feines Gehör Tausendfüßler, Insekten und Regen- würmer aufstöbert. Frisst auch viele Weichtiere.

→ **Verhalten:** Bekannt für ihren wohltönenden, weithin hörbaren, melodiösen Gesang, vor allem morgens und in der Abenddämmerung. Dieser Gesang drückt eine extreme Aggressivität der Männchen untereinander aus. Oft kommt es zu spektakulären Kämpfen. Die Amsel ist Teilzieher. Meist ziehen eher die Weibchen und die Jung- vögel in den Süden.

Zum Ende der schönen Jahreszeit bereiten die Sträucher, die spät Früchte tragen, zahlreichen Vögeln ein Festmahl. Die Amsel ist die Letzte, die das verschmähen würde.

GRÜNFINK

↝ *CARDUELIS CHLORIS*

Körperlänge: 14,5 cm

Englisch: *European Greenfinch*
Französisch: *Verdier*

Spanisch: *Verderón común*
Italienisch: *Verdone eurasiatico*

Der dickkegelförmige Schnabel verweist auf die Nahrung: Körner.

Beschreibung: Grün mit leichten Olivtönen. Das Männchen hat einen grüngelben Bürzel und gelbliche Zeichnungen am Kopf (Kinn, Stirn, Wangen). Beim zusammengelegten Flügel ist der Außenrand deutlich gelb, wodurch sich im Flug ein grüngelbes Flügelfeld auf Höhe der Handschwingen ergibt. Der Schwanz ist gegabelt, schwarz und hat an der Oberseite gelbe, an der Unterseite weißliche Kanten. Hell hornfarbener, dickkegelförmiger Schnabel. Weibchen und Jungvögel sind deutlich matter und brauner als das Männchen.

Zoogeografische Einordnung und Verbreitung

Europäische Paläarktis. Ganz Europa außer Nordskandinavien.

Lebensraum: In bis zu 1900 m Höhe. Laub- und Nadelwald, Friedhöfe, Weinberge. Mag von Menschenhand geschaffene Landschaften, wie Alleen, Parks und Gärten. Liebt Linden, Ulmen, Weißbuchen oder Ahorn und unter den Ziernadelsträuchern ganz besonders Lebensbäume (Thuja).

Nahrung: Schon Form und Größe des Schnabels zeigen seine Vorliebe für Körner aller Art,

z. B. die Sämereien von Kreuzkraut, Bingelkraut und diverse Kreuzblütlern, die er vom Boden aufpickt. Gern knackt er auch die Früchte von Ulme und Linde.

Insekten fängt er nur, um damit seine Jungen zu füttern, aber er nimmt alle Körner, die man ihm im Garten gibt, ebenso wie Weintreber und Äpfel im Winter.

Verhalten: Der Grünfink ist, anders als viele andere Singvögel, monogam. Außerdem ist er sehr friedlich und arrangiert sich mit jedem, auch mit seinen Artgenossen während der Brutzeit, außer natürlich in der unmittelbaren Umgebung des Nestes. Er ist ein Standvogel, streicht aber gern mit anderen kleinen Vögeln umher.

EIN KRAFTPROTZ: DER KERNBEISSER
(Coccothraustes coccothraustes)

Mit seinen 18 cm ist der Kernbeißer der größte unserer Finken. Sein ungewöhnlich großer Schnabel kann einen Druck von 400–700 N/cm² auf Kirschkerne ausüben, die er knackt, um an das Innere zu kommen. Er ist ein recht unauffälliger Bewohner von Laubwäldern und Gärten und verbringt die meiste Zeit seines Lebens im Kronenbereich. Beobachten kann man ihn, wenn er zur Nahrungssuche auf den Boden kommt.

GRÜNSPECHT

⇢ *PICUS VIRIDIS* | **Körperlänge:** 31 cm

Englisch: *Green Woodpecker* | **Spanisch:** *Pito real*
Französisch: *Pic vert* | **Italienisch:** *Picchio verde*

Zoogeografische Einordnung und Verbreitung

Europäische Paläarktis. Ganz Europa, mit Ausnahme von Nordskandinavien und Nordschottland sowie Irland und den großen Mittelmeerinseln.

⊙ **Beschreibung:** Großer Vogel mit lang gestreckter, windschnittiger Gestalt. Die Oberseite ist grün, der Bürzel grüngelb. Die Unterseite ist blass graugrün. Rote Kappe. Der Kopf ist an den Seiten durch eine schwarze Gesichtsmaske mit hervorstechender weißer Iris gezeichnet. Schmaler schwarzer Bartstreif beim Weibchen, beim Männchen breiter und mit einem roten Fleck in der Mitte. Das Jugendgefieder ist deutlich matter und geht mehr ins Graue. Außerdem ist es stark gefleckt und gebändert.

⊙ **Lebensraum:** Bis in 2000 m Höhe. Bevorzugt lichte Laubwälder, Waldränder, Obstgärten mit alten Bäumen und Parks mit hohen Bäumen. Außerdem halboffene Landschaften mit Wiesen und weit auseinanderstehenden Bäumen. Verschmäht im Gebirge auch Lärchen nicht.

Nahrung: Hauptsächlich Insekten, auf dem Boden vor allem Ameisen. Dank seiner langen, klebrigen Zunge, an der die Insekten hängen bleiben, sind sie eine leichte Beute für ihn. Ebenso gern frisst er deren Larven, aber auch Weichtiere, Regenwürmer und einige Käfer. Er sucht seine Nahrung auch in Baumstümpfen, welkem Laub, Zaunpfählen und Misthaufen.

Verhalten: Durch seine Ernährungsgewohnheiten kann er auch im Winter in seinem Brutgebiet bleiben. Sein markanter Gesang, der wie ein explosives Lachen klingt, ist das ganze Jahr über zu hören, außer im Hochsommer. Da er weniger an Bäume gebunden ist als andere Spechtarten, trommelt er auch seltener. Wie alle Spechte ist er ein leicht reizbarer Einzelgänger, der keinen Artgenossen in seinem Revier duldet.

EIN VERWANDTER AUS DEM WALD: DER GRAUSPECHT (Picus canus)

Der etwas kleinere Grauspecht (26 cm) gleicht dem Grünspecht in der Färbung. Er besiedelt auch etwa die gleichen Lebensräume, kommt aber so gut wie nie in Gärten, da er sehr scheu ist. Das Weibchen hat einen schmalen schwarzen Bartstreif und eine graue Kappe. Das Männchen zeichnet sich durch einen roten Fleck auf der Kappe aus und sein Bartstreif ist rot und schwarz, aber weitaus schmaler als der des Grünspechts. Sein Gesang ist ein melodisches klü-klü-klü ...kü...kü...kü(kö)... und fällt in der Tonhöhe ab.

KOHLMEISE

⇢ *PARUS MAJOR*

Körperlänge: 12–14 cm

Englisch: *Great Tit*
Französisch: *Mésange charbonnière*

Spanisch: *Herrerillo ciáneo*
Italienisch: *Cinciallegra*

Zoogeografische Einordnung und Verbreitung

Paläarktisch und indopakistanisch. Sehr verbreitet und häufig in ganz Europa, mit Ausnahme von Island und dem äußersten Norden Skandinaviens.

⊙ Beschreibung: Große Meise mit schwarzem, grünlich-blauem und gelbem Gefieder. Kopf und Kragen schimmern schwarz-blau und kontrastieren mit weißen Wangen. Der Mantel ist grünlich, die Flügeloberseiten und der Schwanz sind bläulich-grau. Die gelbe Unterseite ist in der Mitte von einem langen schwarzen Streifen geteilt, der sich vom Kinn her zur Kehle verbreitert, auf Brust und Bauch schmaler ist und bis zum Anus reicht. Dieser Streifen ist beim Männchen deutlich breiter und länger als beim Weibchen. Der kurze, kräftige Schnabel ist gerade und schwarz. Die Beine sind gräulich-blau. Der Jungvogel hat eine nicht schim-

Alle Meisen sind gefürchtete Räuber. Hier ist ein Weibchen mit feinem Brustlängsband zu sehen.

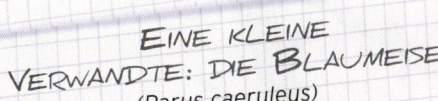

EINE KLEINE VERWANDTE: DIE BLAUMEISE
(Parus caeruleus)

Die etwas kleinere (11–12 cm) Blaumeise besiedelt die gleichen Lebensräume wie die Kohlmeise, beschränkt sich aber auf die Westpaläarktis vom Ural bis zum Atlantik und von Südskandinavien bis zu den Kanarischen Inseln. Der sehr muntere kleine Vogel ist der Schrecken der Insekten, Larven und Raupen, die ihm und seinen Jungen als Futter dienen. In den Bäumen bewegt er sich geschickt wie kaum ein anderer Vogel und versteht es wie kein zweiter, Insekten aus ihrem Versteck hervorzuholen. Vollständig entwickelte Schmetterlinge im Winterschlaf oder sorgfältig verborgene Puppen zahlen so einen hohen Tribut.
Im Winter verschmäht die Blaumeise keineswegs Körner und Talgkugeln, die für sie aufgehängt werden. Doch sie ist aufgrund ihrer Fähigkeiten als Jäger gar nicht so sehr darauf angewiesen. Sie ist zwar gesellig, aber dennoch extrem aktiv und ständig in Bewegung. Die überzähligen Jungvögel ziehen ins Winterquartier im südlichen und südwestlichen Mittelmeerraum. Die ausgewachsenen Meisen sind Standvögel.

mernde bräunliche Kappe und schmutzig-gelbe Wangen.

→ **Lebensraum:** Bis in 2000 m Höhe. Bevorzugt bewaldetes Gelände, meidet aber reines Nadelgehölz – ob angepflanzt oder natürlich entstanden.

Fühlt sich in abwechslungs-
reichem offenem Gelände
genauso wohl wie in
Mischwald, an Waldrän-
dern, in Parks, Obst- und
Ziergärten und selbst in
der Stadt. Da sie wenig
scheu ist, siedelt sie gern in
der Nähe menschlicher Be-
hausungen. Auf der Suche
nach Futter kann es durchaus vorkommen, dass sie
dort eindringt.

Diese schöne Kohlmeise mit
blauen Beinen ist ein Männchen, wie an der Breite seines schwarzen Brustlängs-
bandes zu erkennen ist.

➲ **Nahrung:** Auch wenn sie
hauptsächlich Insektenfresser ist,
hat die Kohlmeise einen sehr ab-
wechslungsreichen Speiseplan. Er va-
riiert vor allem je nach Jahreszeit und
örtlichen Gegebenheiten. Schmetterlinge
aus der Familie der Weißlinge, Fliegen und Mücken, Schrecken und Spinnen in allen Entwick-
lungsstadien (Eier, Larven, Puppen, vollständig
entwickelte Tiere) werden in großen Mengen kon-
sumiert. Im Herbst und Winter wird die Nahrung
vegetarischer, weil es an Insekten mangelt, die
aber auch in ihrem gut versteckten Winterquartier vor ihr nicht sicher sind. Samen, saftige Beeren und Früchte aller Art werden mit Appetit ver-
zehrt, und im Winter sucht sie an Futterplätzen
einen reich gedeckten Tisch mit Talgkugeln, Fett-
rändern vom Schinken, Margarine und Ähnlichem.

➲ **Verhalten:** Gesellig, verteidigt aber mit aller
Macht ihr Brutrevier. Ihr Gesang besteht aus einer
Auswahl dreisilbiger metallisch klingender Tonrei-
hen, die beim Männchen deutlich lauter ausfallen
als beim Weibchen. Eines der häufigsten Themen
ist das bekannte *zizibä zizibä... zizizi zizizi*. Dieser
Gesang wird sehr munter vorgetragen. Die Kohlmeise ist Teilzieher. Wie alle Meisen hält sie sich
viel auf Bäumen auf und inspiziert jeden kleinsten
Spalt, in dem sich vielleicht Insektenlarven einge-
nistet haben könnten. Oft sieht man sie kopfüber
an einem kleinen Zweig hängen, wobei sie ihren
Schwanz zum Halten der Balance einsetzt.

SELTENERE UND UNAUFFÄLLIGERE GÄSTE

Am Anfang des Kapitels haben wir die häufigsten Arten aufgelistet, die man im Prinzip in jedem beliebigen Garten finden kann. Doch nicht alle Vögel sind häufig, manche stellen auch speziellere Anforderungen an ihren Lebensraum, und wieder andere sind mehr oder weniger gefährdet. Dennoch könnte man auch diese selteneren Vögel im Garten antreffen. Manche Gäste sind auch so unauffällig, dass man von ihrer Existenz gar nichts erfährt. Dennoch können sie in einem Garten leben, wenn er denn nur ausreichend weitläufig und parkartig ist oder aber sich auf dem Land befindet und der natürlichen Umgebung ähnelt, in der sich der Vogel normalerweise aufhält.

Teichrohrsänger

Dies sind einige der Vögel, die unsere Gärten unter bestimmten Voraussetzungen aufsuchen:
• **Wenn der Garten an eine Wasserfläche oder einen Fluss grenzt:**
- Bläßhuhn (*Fulica atra*); Wiesengründe, in Wassernähe.
- Teichhuhn (*Gallinula chloropus*); sucht seine Nahrung oft an Land.
- Graureiher (*Ardea cinerea*); scheu, jagt aber oft auf Wiesen.
- Lachmöwe (*Larus ridibundus*); vor allem im Winter; in Bezug auf Nahrung ist sie nicht wählerisch.

Alpendohle

Wiedehopf

- Silbermöwe (*Larus argentatus*); wie die Lachmöwe; landet durchaus auch auf Dächern.
- Eisvogel (*Alcedo atthis*); liebt Fisch; kommt normalerweise nicht in den Garten, außer wenn ein Bach hindurchfließt oder er in einem Strauch oder einer Hecke auf Beute in einem angrenzenden Fluss oder Weiher lauern kann.
- Gebirgsstelze (*Motacilla cinerea*); fürchtet die Anwesenheit des Menschen nicht.

• **Wenn der Garten auf dem Land ist:**
- Wendehals (*Jynx torquilla*); brütet in Baumhöhlen, Spalten in alten Mauern oder Gebäuden.
- Wiedehopf (*Upupa epops*); eher selten und mehr im Süden verbreitet. Bevorzugt alte Bäume, Obstgärten und halboffene Landschaften. Nistet in Baumhöhlen, Mauerspalten, Nischen in Steinhaufen usw.
- Fitis (*Phylloscopus trochilus*); kommt selten in Gärten und Parks. Braucht eine Kraut- und Buschschicht, wo er zwischen hohen Gräsern sein Nest bauen kann.

Teichhuhn

• **Wenn der Garten in den Bergen ist:**

- Erlenzeisig (*Carduelis spinus*); nistet vor allem in Nadelbäumen. Außerhalb der Brutzeit lässt er sich auch in anderen Bäumen sehen.

- Birkenzeisig (*Carduelis flammea*). Selten. Urspünglich nur in den Alpen und in Großbritannien. Hat inzwischen auch die Städte Mitteleuropas besiedelt. Bevorzugt Lärchen, Weiden und Obstgärten.

- Alpendohle (*Pyrrhocorax graculus*). Gesellig. Lebt in den Alpen. Kommt im Winter gelegentlich auf der Nahrungssuche in Parks und Gärten, vor allem in der Umgebung von Wintersportorten.

- Tannenhäher (*Nucifraga caryocatactes*). Nadelwälder, aber im Winter auch Laubwälder. Nistet in dichten Nadelbäumen. Bei uns vor allem in den Alpen und in den Mittelgebirgen.

Auch diese Liste ist alles andere als vollständig. Ebenso kann im Winterhalbjahr ein Garten an der Küste unerwartet den Besuch eines Vogels aus einer entfernten Region erhalten, der auf dem Vogelzug von irgendeinem heftigen Wind dorthin getrieben wurde. Dann ist es wichtig, diese Beobachtung an die Verantwortlichen des örtlichen ornithologischen Vereins oder direkt an die Zentrale des Vogelschutzbunds weiterzugeben. Auch eine Meldung an den Dachverband Deutscher Avifaunisten kommt in Frage (Adressen am Ende dieses Buches). Genauso wichtig ist es aber, sich im Hintergrund zu halten, um dem verirrten Vogel die Ruhe und Erholung zu gönnen, die er braucht.

Der Wendehals erinnert eher an einen Sperling als an einen Specht und ist sowohl von seinem Gefieder als auch von seinem Verhalten her unauffällig. Er vertilgt eine große Menge Ameisen, Spinnen, Schmetterlinge, Käfer und deren Larven, die er auf der Baumrinde oder am Boden aufliest. Da er regungslos sitzen bleibt, wenn er überrascht wird, und sein Gefieder tarnfarben ist, bleibt er oft völlig unbemerkt. Sein Hals ist außerordentlich beweglich, er kann ihn lang strecken und ruckartig in alle Richtungen verdrehen (daher der Name), wobei die Kopffedern gesträubt werden.

Zugvögel

In Deutschland denkt man bei Zugvögeln im Allgemeinen an Störche und Schwalben. Störche waren trotz aller Sympathie, die sie genießen, schon fast vom heimischen Himmel verschwunden. Im letzten Moment erst gelang die Rettung. „Schwalben" ist als Oberbegriff zu verstehen, der Rauchschwalben und Mehlschwalben umfasst, oft auch noch Mauersegler, obwohl das gar keine Schwalben sind. Diese Vögel verkünden von alters her das Anbrechen einer neuen Jahreszeit, einer neuen Lebensphase, ja auch schwieriger Zeiten. Sie sind symbolische Boten, die uns auch einige Sprichwörter und Redensarten gebracht haben. Zu den bekanntesten zählt zweifellos „Eine Schwalbe macht noch keinen Sommer". So sind diese Vögel in gewisser Weise die Repräsentanten der anderen Zugvogelarten.

Anfang August kreisen die Mauersegler in großen Schwärmen über den Dächern. Mit rasender Geschwindigkeit verfolgen sie einander, weichen Hindernissen in letzter Sekunde aus. An ihre schrillen Schreie, ihre akrobatischen Flugdarbietungen haben wir uns schon gewöhnt. Mit ein wenig Sehnsucht schauen wir ihnen am Abend zu, wie sie hoch in die Lüfte steigen und unseren Blicken entschwinden, um dort oben, getragen von warmen Luftströmungen, die Nacht zu verbringen. Wenn wir morgens die Fenster öffnen, sind sie schon da, sind immer noch am Fliegen, am Spielen, am Schreien. Doch dann eines Morgens ist alles still. Der Himmel ist leer. Die Mauersegler sind ohne Vorwarnung verschwunden, alle auf einmal, während wir schliefen. Noch ein weiterer Vogel verschwindet auf diese Weise, aber fast unbemerkt. Der Schwarzmilan bricht etwa zur gleichen Zeit auf wie der Mauersegler, nämlich ab Mitte August. In kalten Sommern kommt es aber auch vor, dass die Mauersegler schon früher starten, weil sie nicht mehr genug Fluginsekten finden.

Dass uns gerade die Schwalben so besonders berühren, liegt vor allem daran, dass sie unter unseren Dächern und in unseren Ställen wohnen und dass sie die Angewohnheit haben, sich schon mehrere Tage vor dem großen Abflug in großer Zahl auf Stromleitungen zu versammeln.

An den Ufern des Ebro sehen die Störche des nordspanischen Storchenparadieses Alfaro ihre Artgenossen aus dem nördlichen Europa und Frankreich durchziehen.

Die Singdrossel kann Standvogel, Strichvogel oder Langstreckenzieher sein.

So geben sie uns Gelegenheit, uns an den Gedanken zu gewöhnen, zumal sie uns nicht vor Oktober verlassen. Die Mauersegler dagegen, die ihr ganzes Leben im Flug verbringen, gehen nicht nur ohne Abschied, sondern auch noch mitten im Sommer! Doch sie sind nicht die Ersten, die anderen haben wir nur nicht bemerkt. Es beginnt mit dem Pirol, der spät brütet, aber früh aufbricht. Ebenso drängen sich schon seit Juli die Watvögel an unseren Küsten, fallen in kleine Flussbecken ein, folgen jedem Wasserlauf und arbeiten sich unermüdlich weiter nach Süden vor, hin zur südlichen Halbkugel. Man merkt es kaum, aber sie eilen ...

Dies war nur eine sehr grobe Einleitung, doch sie zeigt schon, dass die Zeit des Vogelzugs dem Vogelliebhaber fantastische Beobachtungsmöglichkeiten bietet und gleichzeitig für den Wissenschaftler von höchstem Interesse ist. Deshalb wollen wir nun einen Blick auf das unterschiedliche Wanderverhalten der Vögel werfen, denn bei Weitem nicht alle sind Langstreckenzieher.

STRICHVÖGEL UND TEILZIEHER

Die meisten Vögel sind eher Standvögel, wie zahlreiche Greifvögel und sehr viele Körnerfresser. Bei ihnen werden Wanderbewegungen überwiegend durch Nahrungsmangel sowie Kälte oder Schnee und Eis ausgelöst. Unter diesen Umständen sind auch Vögel, die gar nicht zum Wandern neigen, gezwungen, sich auf der Suche nach Nahrung mehr oder weniger weit fortzubewegen. Oft kehren sie in ihre Brutgebiete zurück, sobald die Lebensbedingungen dort wieder angenehmer sind. Meist sind auch die Altvögel sehr mit ihrem Revier verbunden, und die Jungen müssen abwandern, um neue Siedlungsmöglichkeiten zu finden. Solche Vögel werden als Strichvögel bezeichnet. Dazu gehören zahlreiche Finken, wie der Grünling und der Stieglitz, oder auch einige Meisen. Außerdem kann eine Art in einem Gebiet Standvogel sein, aber anderswo Zugvogel. So ist es beim Haussperling: Er ist bei uns ganz und gar Standvogel, bricht aber in Sibirien zu langen Wanderungen auf.

Der Regenbrachvogel brütet in der arktischen Tundra der Alten Welt. Die sibirischen Populationen überwintern auf Madagaskar und den benachbarten Inseln. Sehr oft bleiben die Jungvögel ein ganzes Jahr dort, bevor sie sich auf ihren ersten Rückflug machen.

ZUGVÖGEL

Nun kommen wir zu den Zugvögeln, aber auch hier gibt es mehrere Kategorien. Die wirklichen Zugvögel verlassen jedes Jahr zur selben Zeit ihre Brutgebiete, um in oft sehr ferne Gegenden zu ziehen, wo sie den Winter verbringen. Man unterscheidet Kurz- und Langstreckenzieher. Letztere ziehen um die halbe Welt und legen mehrere tausend Kilometer zurück. Zu ihnen gehört die Rauchschwalbe, die in unseren Breitengraden brütet, aber den Winter in Südafrika verbringt, ebenso wie der Neuntöter, der zwar weniger bekannt ist, aber die gleiche Strecke zurücklegt. In Amerika überwintert der Knutt, der im äußersten Norden Kanadas brütet, in Patagonien und auf Feuerland. Genauso geht der Kurzschwanz-Sturmtaucher, der im Süden Australiens und auf Tasmanien brütet, auf eine gewaltige Reise rund um den Pazifik: Zunächst zieht er nach Norden an die Küsten Japans und Alaskas, fliegt dann nach Süden Richtung Kalifornien und biegt schließlich nach Westen ab, um den Ozean zu überqueren und in sein Brutgebiet zurückzukehren. Der Wanderalbatros zieht sogar einmal um die ganze Welt. Dabei lässt er sich von den berühmten „Roaring Forties" treiben und dringt manchmal bis zum Wendekreis des Steinbocks vor oder noch darüber hinaus.

DIE ELEGANZ PAR EXCELLENCE

Auf der japanischen Insel Hokkaido ist der Nationalpark von Kushiro im Winter die Hochburg des Japanischen Kranichs (Grus japonensis), besser bekannt als Mandschurenkranich, und des Weißnackenkranichs (Grus vipio). Beide brüten in China. Der Weißnackenkranich, dessen Verbreitungsgebiet sich vom Baikalsee bis nach Südchina erstreckt, wurde durch die Fütterung im japanischen Winterquartier gerade noch vor dem Aussterben bewahrt. Für den Mandschurenkranich ist das japanische Winterquartier Schauplatz seiner anmutigen Balztänze im Schnee. Die Schönheit des Tanzes und die Harmonie der Farben (s. u.) haben im Reich der aufgehenden Sonne seit alters Maler und Poeten zu ihren Werken inspiriert. Hier ist der Mandschurenkranich ein Symbol der Reinheit, der Langlebigkeit und der Treue.

Doch es gibt auch echte Zugvögel, die bescheidenere Strecken zurücklegen, wie den unverwechselbaren Kranich, der von Nordeuropa entweder nach Südspanien oder Nordafrika aufbricht. Eine Schar Kraniche in V-Formation, die mit lautem Trompeten vorüberzieht, ist eines der beeindruckendsten Schauspiele, die man sich vorstellen kann.

Andere Vögel werden als Teilzieher bezeichnet, weil nur ein Teil der Population auf die Reise geht, während der Rest bleibt. Ein Beispiel ist, wie weiter oben schon gesagt, der Spatz, ebenso wie die Saatkrähe, der Mäusebussard und der Buchfink. Außerdem finden sich in unserer gemäßigten Zone im Winter zahlreiche Arten aus dem Norden und Osten ein, die sich hier zu ihren einheimischen Artgenossen gesellen, die Standvögel sind.

Im Bergland ist zudem im Wechsel der Jahreszeiten eine vertikale Wanderung zu beobachten. So zieht die Alpendohle, ein kleiner Rabenvogel, im Winter aus dem Hochgebirge in die tiefen Täler, genauso wie die Alpenbraunelle und der Schneefink.

ORIENTIERUNG

Lange hat man sich gefragt, wie es den Vögeln gelingt, zweimal im Jahr ihr Ziel zu finden, ohne sich zu verirren. Bei Tag und bei schönem Wetter fliegen sie auf Sicht und verlassen sich auf ihr unfehlbares visuelles Gedächtnis, dachte man. Gut, aber wie machen sie es bei Nacht oder bei Nebel? Erst Untersuchungen im Labor brachten die Antwort: Zunächst hat man

Der Weißstorch zieht nur bei schönem Wetter. Für seinen Segelflug braucht er eine gute Thermik. Und die vielen Aufwinde, die ihn immer weiter tragen, entstehen nur bei gutem Wetter.

durch einfache Experimente rasch herausgefunden, dass sie sich an der Sonne und an den Sternen orientieren. Doch das löste noch nicht das Problem der Wanderungen unter einer dichten Wolkendecke, hinter der Sonne und Sterne gar nicht zu sehen waren. Dann hat man entdeckt, dass Vögel sich auch am Magnetfeld der Erde orientieren, dass sie auf Ultraschallveränderungen reagieren und auch bestimmte Gerüche wahrnehmen. Ferner sind sie in der Lage, sich an Veränderungen des polarisierten Lichts, der UV-Strahlung, der Erdanziehungskraft und der vorherrschenden Winde zu orientieren. Man konnte auch feststellen, dass Landmarken einen weniger starken Einfluss haben, zumal solche Markierungen in von Menschen bewohnten Gebieten von einem Jahr aufs andere verschwinden können. Im Grunde hat der Vogel den Kompass und das GPS schon lange vor uns erfunden und besitzt einige geheime Navigationsinstrumente, die manch einen Piloten, Abenteurer oder Einhandsegler vor Neid erblassen lassen.

WEISSSTORCH

CICONIA CICONIA

Englisch: *White Stork*
Französisch: *Cigogne blanche*

Körperlänge: 100 cm
Spannweite: 160 cm
Spanisch: *Cigüeña blanca*
Italienisch: *Cicogna bianca*

Beschreibung: Aufgrund seiner Größe und Gestalt, aber auch seines charakteristischen Gefieders kann man ihn selbst bei Gegenlicht kaum verwechseln. Im Stehen zeigt er ein schwarz-weißes Gefieder, lange Beine und einen langen, kräftigen, leuchtend roten Schnabel. Im Flug ist er komplett weiß mit schwarzen Schwungfedern. Die Beine gehen deutlich über den kurzen Schwanz hinaus, der Hals ist gestreckt.

Von Weitem und bei schlechtem Licht kann man ihn im Flug mit einem Kranich verwechseln, doch dieser hat einen viel kürzeren Schnabel. Von Reihern kann man ihn im Flug an dem ausgestreckten Hals unterscheiden.

→ Lebensraum: Vorzugsweise feuchte offene Landschaften mit mehr oder weniger Baumbestand: Weiher und Sümpfe, Feuchtwiesen, Grünlandniederungen, eventuell auch bebaute Felder, Gräben.

→ Nahrung: Ausschließlich Fleischfresser, doch kann die Nahrung recht unterschiedlich sein: von Lurchen über Mäuse bis hin zu Aas. Auch Wassertiere werden nicht verschmäht, weder Fische noch Krebs- oder Weichtiere. Fängt in Wiesen und Feldern zahllose Kleinnager und Großinsekten.

→ Verhalten: Der verträgliche und gesellige Schreitvogel stelzt bedächtig durch sein Jagdrevier. Oft steht er aufrecht hoch oben in einem Baum. Sein Nest baut er gerne auf menschlichen Behausungen. Dabei nimmt er auch die ihm zugedachten künstlichen Nisthilfen in Anspruch. Er gleitet im Segelflug dahin. Schlechtes Wetter behindert ihn auf dem Vogelzug. Darin unterscheidet er sich vom Kranich, der im Schlagflug – in Keilformation – zieht und sich auch von Regen und starkem Gegenwind nicht stören lässt.

Zoogeografische Einordnung und Verbreitung

Paläarktisch. Von Nordafrika bis zum Iran sowie im Mittelmeerraum und in der gemäßigten Zone Europas. Einige Paare in Südafrika (sicherlich Zugvögel, die den Rückflug nicht angetreten und sich dort fest niedergelassen haben).

In der traditionellen Storchenregion Elsass und dem angrenzenden lothringischen Departement Moselle war der Weißstorch schon fast verschwunden, wurde aber wieder neu angesiedelt. Auch in Deutschland ging der Bestand stark zurück und es gibt nur noch wenige Brutpaare. Deshalb gilt der Weißstorch als gefährdet.

KRANICH

···→ *GRUS GRUS*

Englisch: *Common Crane*
Französisch: *Grue cendrée*

Körperlänge: 114-120 cm
Spannweite: 200-240 cm
Spanisch: *Grulla común*
Italienisch: *Gru cenerina*

→ **Beschreibung:** Größter Schreitvogel Europas. Sieht von Weitem komplett dunkelgrau aus. Aus der Nähe betrachtet, ist die weiße Kopfzeichnung vom Auge seitlich den ganzen Hals hinunter zu erkennen. Kopf und Hals ansonsten schwarz. Aus der Nähe ist auch der kleine rote Fleck am Hinterkopf zu sehen. Der kurze, schmutzig-elfenbeinfarbene Schnabel erscheint schwarz, wenn er mit Lehm bedeckt ist. Der Rücken ist braun geflammt, der Körper an der Ober- und Unterseite schiefergrau. Dazu bilden die schwarzen Hand- und Armschwingen einen dunklen Kontrast. Ebenfalls dunkel ist der kurze Schwanz, der beim Altvogel mit einer wie bei manchen Hahnenschwänzen überhängenden „Schleppe" ausgestattet ist.

→ **Lebensraum:** Hält sich im Winter oft auf Feldern und Weiden auf, auch auf mehr oder weniger feuchten Wiesen oder im Flachwasser von Wei-

Die ganze Kraft des Kranichs zeigt sich beim Start, was seiner Eleganz aber keinen Abbruch tut.

hern. Brütet am Boden in feuchtem Gelände, oft auch im Wald auf großen Lichtungen oder unweit vom Waldrand. Sucht sich mitten in einer feuchten Graslandschaft eine einsame Stelle, die möglichst weit von menschlichen Siedlungen entfernt ist.

Nahrung: Sehr unterschiedlich, sowohl pflanzlich als auch tierisch: von Larven, Würmern, Insekten und anderen Kleintieren bis zu Kleinstsäugern, Eidechsen und Lurchen, Getreide ebenso wie Hülsenfrüchte, Kreuzblütler, Beeren und gerade keimende junge Triebe.

Verhalten: Sehr gesellig, außer während der Brutzeit. Sucht in Gruppen langsam schreitend nach Nahrung, ständig in Alarmbereitschaft. Vollführt spektakuläre Balztänze, mit denen die Schwärme schon beim Frühjahrszug auf den Rastplätzen beginnen. Trotz seiner Größe und seiner Körperfülle ist der Kranich wahrscheinlich der eleganteste und graziöseste Vogel überhaupt. Langsamer, kraftvoller Flug; Segelflug kommt selten vor. Während des Vogelzugs oft in V-Formation oder auf einer Linie, kündigt sich schon von Weitem durch seine lauten, trompetenden Rufe an: ein fortwährendes *krrrü – krrrü – krrrü*.

Zoogeografische Einordnung und Verbreitung

Paläarktisch. Im Norden Europas, von Skandinavien über Polen und Russland bis zur Halbinsel Kola. Auch in Norddeutschland. Zieht im Herbst vom Nordosten auf einer schmalen Schneise, die von der Ostseeküste bis zur Region Leipzig reicht, Richtung Südwesten in das Winterquartier in Nordafrika. Kraniche aus Osteuropa fliegen auf einer östlichen Route Richtung Süden. Im Frühjahr geht es in entgegengesetzter Richtung zurück.

SCHWARZMILAN

→ MILVUS MIGRANS

Körperlänge: 55-60 cm   **Spannweite:** 115-120 cm
Englisch: Black Kite   **Spanisch:** Milano negro
Französisch: Milan noir   **Italienisch:** Nibbio bruno

→ Beschreibung: Der mittelgroße Raubvogel mit einheitlich dunklem Gefieder, etwas hellerem Kopf, heller Iris und gelber Wachshaut oberhalb des Schnabels und ebensolchen Beinen wird oft mit dem Mäusebussard verwechselt. Doch hat der Schwarzmilan eine viel schlankere Gestalt als der Bussard, seine Flügel sind lang und recht schmal. Die tief gefingerten Handschwingen weisen ihn als guten Gleiter aus. Der Schwanz ist recht lang und schmal. Er ist leicht gegabelt, aber diese Gabelung ist nicht immer sichtbar: Wenn der Vogel seinen Schwanz ausfächert, ist der am Ende weder gegabelt noch rund, sondern geradlinig. Im Flug zeigen sich helle Partien auf der Flügelunterseite.

→ **Lebensraum:** Hat eine starke Affinität zu Gewässern, ob still oder fließend, sowie zu offenen Landschaften, ob mit oder ohne Wald. Scheut auch die Nähe menschlicher Behausungen, ja sogar der Stadt nicht, solange man ihn in Ruhe lässt. Liebt Waldränder, Baumgruppen, Galeriewälder, wo er oft in lockeren Kolonien brütet.

→ **Nahrung:** Hängt im Wesentlichen vom Nahrungsangebot des Lebensraums ab und kann von einem Jahr zum anderen stark variieren. Greift sich gern Fische (vorzugsweise tote) von der Wasseroberfläche, die bis zu 40 % der Gesamtnahrung ausmachen. Fängt auch zahlreiche Nager und frisst sehr gern Aas und Abfälle, denn er ist vor allem ein Nahrungsopportunist und sucht den Weg des geringsten Widerstands. Auf diese Weise trägt er in vielen Regionen zur Säuberung bei.

→ **Verhalten:** Ausgezeichneter Segler, der stundenlang in geringer Höhe über seinem Revier kreist. Sein Flug ist langsam und geschmeidig, angetrieben von weitgreifenden Flügelschlägen, die kraftvoll und leicht zugleich sind. Er ist gesellig und duldet Artgenossen und andere Greifvögel in seiner Nähe. In der Nähe der Brutkolonien stößt er einen trillernden, flötenden Ruf aus, der fast melancholisch, aber sehr angenehm klingt. Den Winter verbringt er südlich der Sahara in Afrika.

Zoogeografische Einordnung und Verbreitung

Paläarktisch und afrotropisch. Mit mehreren Unterarten in der Alten Welt weit verbreitet, außer in den arktischen Regionen. Ganz Europa, mit Ausnahme des Nordwestens. Auch in Deutschland fehlt er im äußersten Nordwesten.

RAUCHSCHWALBE

···→ *HIRUNDO RUSTICA*
Englisch: *Barn Swallow*
Französisch: *Hirondelle de cheminée*

Körperlänge: 19 cm
Spanisch: *Golondrina común*
Italienisch: *Rondine comune*

Zoogeografische Einordnung und Verbreitung

Holarktisch. In sechs Unterarten auf der ganzen nördlichen Halbkugel verbreitet. In ganz Europa unterhalb des 71. Breitengrads sowie in Nordafrika und nach Osten bis Kaschmir. Sie ist in ganz Deutschland verbreitet und ist ein häufiger Brutvogel.

→ **Beschreibung:** An der Oberseite einheitlich blauschwarz metallisch glänzend. Unterseite rahmweiß mit blauschwarzem Brustband und braunroter Kehle. Stirn ebenfalls braunrot. Gegabelter Schwanz, charakteristisch die sehr langen äußeren Steuerfedern bei den Altvögeln, die beim Männchen länger sind als beim Weibchen. Bei gespreiztem Schwanz ist eine Reihe weißer Flecken am Schwanzende zu erkennen. Bei den Jungvögeln fehlen das metallische Glänzen und die verlängerten Schwanzspieße.

Lebensraum: Ursprünglich haben die Rauchschwalben ihre Brutkolonien tatsächlich in Höhlen angelegt. Das war ihr Lebensraum, als sich der prähistorische Mensch dort ansiedelte. Als die Menschen Viehzüchter wurden und Ställe und Häuser bauten, folgen sie ihnen, denn in den Gebäuden fanden die Vögel Wärme, Ruhe und reichlich Nahrung in unmittelbarer Nähe. Den Namen Rauchschwalben erhielten sie durch eine sehr alte Angewohnheit. Als der Rauch des Herdfeuers noch durch breite Essen aus Holz abzog, bauten sie nämlich gerne ihre Nester in diese einfachen Schornsteine, natürlich fern von den Flammen, aber geschützt und im Warmen. Außer ihrem Brutrevier braucht die Schwalbe eigentlich nur die Luft. Sie landet selten, und wenn, dann auf einer Stromleitung oder einer Zweigspitze. Sie ist in allen offenen Landschaften in der Nähe menschlicher Siedlungen zu finden und kommt bis in 1800 m Höhe vor.

Nahrung: Die Nahrung dieses ausschließlichen Insektenfressers besteht aus kleinen Fluginsekten, die er in geringeren Höhen jagt als der Mauersegler.

Verhalten: Der gesellige Vogel lebt selten allein, sondern sucht die Gesellschaft anderer Schwalben, mit denen er gemeinsam jagt. Außerhalb der Brutsaison hält er sich gern im Röhricht auf, wo er in großen Schwärmen die Nacht verbringt.

> Die Mehlschwalbe (Delichon urbicum) ist etwas kleiner und an ihrem weißen Bürzel zu erkennen. Sie ist Koloniebrüter und nistet außen an Gebäuden. Wie die größere Rauchschwalbe zieht sie zum Überwintern bis nach Südafrika und Madagaskar.

MEISTER IM LANGSTRECKENFLUG

Wenn Vögel, die von einer Halbkugel zur anderen ziehen, keinen Winter kennen, so gibt es auch einen, für den es praktisch niemals Nacht wird. Das ist die außergewöhnliche Küstenseeschwalbe (Sterna paradisaea), die weit jenseits des nördlichen Polarkreises brütet (bis zum 82. Breitengrad). So sieht sie im Sommerhalbjahr die Sonne niemals untergehen, und zum Überwintern zieht sie bis zum südlichen Polarkreis. Einige Populationen kommen mit Hin- und Rückflug tatsächlich auf 36 000 km im Jahr. Kein anderer Vogel, überhaupt kein anderes Tier legt eine derart gewaltige Strecke zurück! Dazwischen findet die Seeschwalbe immerhin noch die Zeit, Ende Mai/Anfang Juni zwei oder drei Eier zu legen, sie drei Wochen lang zu bebrüten, die Jungen vier bis fünf Wochen lang zu füttern und

Küstenseeschwalbe

aufzuziehen, bis sie flügge sind, um sich dann gegen Ende Juli in Windeseile wieder auf den weiten Weg in den Süden zu machen. Ein Paar, das so weit wie möglich im Norden brütet und so weit wie möglich nach Süden vordringt, sieht, so hat man ausgerechnet, acht Monate im Jahr nur den Tag.

Wenn es um die Flugleistungen geht, muss man auch die meisten Watvögel nennen. Denn viele brüten in der arktischen Tundra und sind schon relativ kurz nach der Brutperiode in den tropischen oder subtropischen Regionen der Südhalbkugel zu finden. Das gilt für den Regenbrachvogel (Numenius phaeopus), den Sandregenpfeifer (Charadrius hiaticula), den Grünschenkel (Tringa nebularia), den Steinwälzer (Arenaria interpres), die Pfuhlschnepfe (Limosa lapponica), den Knutt (Calidris canutus) und viele andere. Nicht vergessen dürfen wir den Regenpfeifer oder auch den Flussuferläufer, aber erst recht nicht den Borstenbrachvogel (Numenius tahitiensis), der in der Nähe der Beringstraße in Alaska brütet und auf Hawaii oder Tahiti überwintert. Dabei legt er 9000 km über dem Pazifik zurück. Sein wissenschaftlicher Name beruht darauf, dass, lange bevor man ein Nest des Vogels in Alaska fand, der erste Borstenbrachvogel auf Tahiti gefangen wurde. Auch den winzigen Rubinkehlkolibri (Archilochus co-

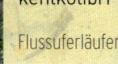

Flussuferläufer

Kiebitzregenpfeifer (im Winterkleid)

lubris) wollen wir nennen, der es fertigbringt, auf Labrador zu brüten und in Panama zu überwintern. Dabei überfliegt er zweimal den Golf von Mexiko, den doch so viele als gute Flieger bekannte Vögel meiden.

Ein merkwürdiger Raubvogel, der Eleonorenfalke (*Falco eleonorae*), füttert als Spätbrüter seine Jungen mit den Zugvögeln, die er bei deren Zug in den Süden fängt. Er brütet auf den Mittelmeerinseln sowie auf den Kanaren und verbringt den Winter auf Madagaskar und den benachbarten Inseln (vor allem den Komoren und auf Mayotte). Es ist noch nicht bekannt, ob die kanarische Population auf ihrem Weg zu den Küsten des Indischen Ozeans die afrikanische Sahelzone überquert oder ob sie erst nördlich zum Mittelmeer zieht und dann dem „normalen" Weg über das Rote Meer und die afrikanische Ostküste folgt. Sicher ist, dass der Eleonorenfalke seine Wanderung erst beginnt, wenn seine Lieblingsbeute schon längst in ihrem Winterquartier südlich der Sahara angekommen ist. Schließlich wollen wir auch den Steinschmätzer (*Oenanthe oenanthe*) nicht vergessen, einen Vogel paläarktischen Ursprungs, der sich in Alaska angesiedelt hat. Diese Population kommt immer noch zum Überwintern in die afrikanischen Regionen südlich der Sahara und überfliegt dabei zweimal im Jahr den Osten des eurasischen Kontinents. Genauso zieht die Population von der nordamerikanischen Ostküste zunächst über Island und die Britischen Inseln nach Europa, um dann in den tropischen Regionen Westafrikas zu überwintern.

Anzumerken bleibt noch, dass die Verbreitung der Arten auch von der Intensität der Beobachtung abhängt, denn Daten können nur erhoben werden, wo es Beobachter gibt.

Grünschenkel (im Winterkleid)

Datum	Ort	Art	Beobachtungen

Datum	Ort	Art	Beobachtungen

Datum	Ort	Art	Beobachtungen

Datum	Ort	Art	Beobachtungen

Datum	Ort	Art	Beobachtungen

Datum	Ort	Art	Beobachtungen

Datum	Ort	Art	Beobachtungen

Datum	Ort	Art	Beobachtungen

Datum	Ort	Art	Beobachtungen

Datum	Ort	Art	Beobachtungen

Datum	Ort	Art	Beobachtungen

Datum	Ort	Art	Beobachtungen

Datum	Ort	Art	Beobachtungen

Datum	Ort	Art	Beobachtungen

GLOSSAR

Afrikanisch-malagassisch Zoogeografische Zone, die Afrika südlich der Sahara und Madagaskar sowie die benachbarten Inseln (Komoren, Mayotte, Îles Eparses und Mascareignes) umfasst.

Alte Welt Bezeichnet den gesamten Planeten mit Ausnahme des amerikanischen Kontinents.

Baumwipfel Oberster Teil des Baumes, der die letzten Verästelungen umfasst, d. h. den oberen Bereich der Baumkrone, zu der alle Äste oberhalb des Stammes gehören.

Biom Großlebensraum, der einen oder mehrere Kontinente umfassen kann und ein nur dort vorhandenes einheitliches Spektrum an pflanzlichen und tierischen Arten aufweist. Ein Biom ist ein Riesen-Ökosystem oder Makro-Ökosystem.

Biotop Lebensraum eines Tiers oder einer Pflanze, der durch bestimmte Faktoren wie Sonneneinstrahlung, Temperatur oder Luftfeuchtigkeit gekennzeichnet ist. Diese Faktoren können sich im Lauf eines Tages oder eines Jahres ändern und bestimmen so die Bedingungen, an die sich die Bewohner anpassen müssen. Ein Biotop kann mehreren Arten als Lebensraum dienen und umfasst im Allgemeinen mehrere Habitate. Das sind die konkreten Orte, an denen ein Tier oder eine Pflanze lebt. Die Gesamtheit der Lebewesen eines Biotops – von der kleinsten Bakterie oder mikroskopisch kleinen Alge bis zum höchsten Baum oder bis zum Menschen – bildet die Biozönose.

Felsenbrüter Vogel, der im Fels lebt und brütet.

Galeriewald Wald, der sich an den Ufern eines Wasserlaufes oder eines Sees erstreckt.

Hartlaubwald Wald, dessen Baumarten kleine, ledrige, oft wie lackiert wirkende Blätter haben, die lange Trockenphasen überstehen können. Diese Arten werden als „Sklerophyllen" bezeichnet. Zu nennen sind hier die Kermeseiche im mediterranen Buschwald sowie die Steineiche, die einst einen Großteil des mediterranen Waldes ausmachte.

Höhlenbewohner Etymologisch gesehen handelt es sich um ein Wesen, das in den Spalten einer Höhle lebt. Im weiteren Sinne bezeichnet dieser Begriff alle Tiere (oder Pflanzen), die in Hohlräumen leben. Bei Vögeln betrifft das nur die Brutzeit. Derzeit tendiert man dazu, bei den Vögeln einen Unterschied zu machen zwischen Höhlenbewohnern, die tatsächlich auf Felsspalten angewiesen sind, und Höhlenbrütern, die in Baumhöhlen oder Nistkästen brüten.

Holarktis Eigentlich die Zirkumpolarregion der nördlichen Hemisphäre. Im weiteren Sinne der Oberbegriff für die Regionen Paläarktis und Nearktis.

Immatur Als immatur wird ein Vogel bezeichnet, der das juvenile Stadium des ersten Lebensjahres bereits hinter sich gelassen hat, aber noch nicht fortpflanzungsfähig und noch nicht voll ausgewachsen ist. Sozusagen also ein Heranwachsender.

Immergrüner Wald Bezeichnet einen Wald, dessen Bäume immer grün sind, wie der boreale Nadelwald oder der tropische Regenwald. Eigentlich verlieren die Bäume ebenfalls regelmäßig ihre Blätter und ersetzen sie durch neue, aber dies geschieht das ganze Jahr über.

Laubabwerfender Wald Wald, dessen Bäume zu einer bestimmten Jahreszeit ihr Laub verlieren. In unserer Klimazone fällt das Laub im Herbst ab. In den Tropen verlieren die Arten, die den Trockenwald bilden, ihre Blätter in der Trockenzeit (z. B. Affenbrotbäume).

Nestflüchter Jungvogel, der bereits mit offenen Augen zur Welt kommt, mit Daunen bedeckt ist und sich sofort nach dem Schlüpfen allein fortbewegen kann. Aufgrund einer Fettreserve kann er selbst auf Nahrungssuche gehen. Im Allgemeinen verlassen Nestflüchter das Nest bereits kurz nach ihrer Geburt.

Nesthocker Jungvogel, der praktisch nackt und blind geboren wird und sich noch nicht allein fortbewegen kann. Er muss seine Entwicklung also im Nest erst abschließen. Er ist äußerst abhängig von den Eltern, die ihn für eine mehr oder weniger lange Zeit warmhalten und mit Nahrung versorgen.

Neue Welt Bezeichnet seit 1492 den amerikanischen Kontinent und die Karibik.

Ornithophage Vogelfresser.

Paläarktis Sehr große biogeografische Region, die Nordafrika von Südmarokko bis Südägypten, die halbe Arabische Halbinsel und den gesamten eurasischen Kontinent mit Ausnahme von Indien und Südostasien umfasst. Die westliche Paläarktis umfasst ganz Europa bis zum Ural, Nordafrika und den Mittleren Osten.

Polygynie Von Polygynie spricht man, wenn ein Männchen sich mit mehreren Weibchen paart. Polygynie ist die Regel bei zahlreichen Hühnervögeln wie den Fasanen.

Stirn Bereich zwischen Schnabelansatz und Auge. Dieser Bereich kann komplett mit kleinen Federn und/oder mehr oder weniger zahlreichen Fühlerhärchen bedeckt oder aber völlig nackt sein. In diesem Fall ist die Haut oft bunt gefärbt und ändert zur Brutzeit ihre Farbe. Bei manchen Reihern ändert die Stirn zwischen der Balz und der Brutzeit sehr schnell ihre Farbe und die Intensität der Färbung zeigt den Erregungszustand des Vogels an. Bei der Saatkrähe ist die Stirn bei den Jungvögeln befiedert, bei den ausgewachsenen Vögeln nackt.

Strümpfe Ziemlich lange und schlaffe Federn, die den Tibiotarsus (Unterschenkel) bedecken und je nach Art mehr oder weniger ausgeprägt sind.

Thermiksegeln Aufsteigender Segelflug, bei dem der Vogel mehr oder weniger enge Kreise beschreibt, um in der aufsteigenden Warmluft zu bleiben, die ihn ohne Einsatz von Muskelkraft an Höhe gewinnen lässt.

Variante Bezeichnet eine spezielle allgemeine Färbung einer Vogelart. Eine Vogelart kann nämlich unterschiedliche Färbungen aufweisen, ohne dass es sich deswegen um Unterarten handelt. Dagegen bleibt ein Angehöriger einer solchen Variante zeit seines Lebens in dieser. Mit dem Begriff Variante ist also kein Wechsel von einer Färbung in die andere verbunden.

LITERATUR

Barthel, P. H., Dougalis, P.: Was fliegt denn da?
Kosmos, Stuttgart, 2006

Berthold, P., Mohr, G.: Vögel füttern – aber richtig.
Kosmos, Stuttgart, 2008

Bezzel, E.: BLV Handbuch Vögel. BLV-Verlag,
München, 2006

Dierschke, V., Dierschke, J.: Die Greifvögel der Welt.
Kosmos, Stuttgart, 2008

Dierschke, V.: Welcher Gartenvogel ist das? Kosmos,
Stuttgart, 2008

Dierschke, V.: Welcher Vogel ist das? Kosmos,
Stuttgart, 2007

Hayman, P., Hume R.: Vögel, Kosmos, Stuttgart,
2009

Hecker, F., Hecker, K.: Der Kosmos Vogelführer für
unterwegs. Kosmos, Stuttgart, 2008.

Limbrunner, A., Bezzel, E., Richarz, K., Singer, D.:
Enzyklopädie der Brutvögel Europas. Kosmos,
Stuttgart, 2007

NÜTZLICHE ADRESSEN

Dachverband Deutscher Avifaunisten (DDA) e.V.
Zerbster Str. 7
39264 Steckby
www.dda-web.de/index.php5

NABU – Naturschutzbund Deutschland e. V.
Charitéstraße 3
10117 Berlin
www.nabu.de

BUND – Bund für Umwelt- und Naturschutz Deutschland e. V.
Am Köllnischen Park 1
10179 Berlin
www.bund.net

BirddLife Österreich – Gesellschaft für Vogelkunde
Museumsplatz 1/10/8
A-1070 Wien
www.birdlife.at

Naturschutzbund Österreich
Museumsplatz 2
A-5020 Salzburg
www.naturschutzbund.at

Schweizer Vogelschutz SVS/BirdLife Schweiz
Wiedingstr. 78, Postfach
CH-8036 Zürich
www.birdlife.ch

Pro Natura
Postfach
CH-4018 Basel
www.pronatura.ch

Vögel im Internet

Avibase – the world bird database
http://avibase.bsc-eoc.org/

BirdLife International
www.birdlife.org/datazone/index.html

Dachverband Deutscher Avifaunisten (DDA) e.V.
www.dda-web.de/index.php5

NABU – Naturschutzbund Deutschland e. V.
www.nabu.de

Vogelstimmen
www.vogelstimmen.de/

Vogelbeobachtung
www.birdnet.de/
www.naturgucker.de/
www.club300.de/
www.birdwatch.co.uk
www.birdwatching.com

REGISTER

DANKSAGUNG

Der Autor und das gesamte Herausgeber-Team bedanken sich recht herzlich bei Nikon France und Kettner Clermont-Ferrand für die Unterlagen und Kataloge, die sie uns freundlicherweise zur Verfügung stellten.

Darüber hinaus bedankt sich der Autor bei der Liga zum Schutz der Vögel in Rochefort und vor allem bei Guy Jarry, stellvertretender Direktor des CRBPO am Nationalmuseum für Naturgeschichte in Paris, für seine wertvolle Unterstützung.

BILDNACHWEIS